融けるデザイン

ハード×ソフト×ネット時代の新たな設計論

渡邊恵太

目次

第4章　情報の道具化——インターネット前提の道具のあり方

第5章　情報の環境化——インタラクションデザインの基礎　161

第6章　デザインの現象学　183

本書で紹介している事例は、以下のURLにリンクをまとめています。
http://www.bnn.co.jp/books/7305/

はじめに

融けてゆく世界

ハードウェア、ソフトウェア、インターネットが融け合う、身体的で体験的なものづくりの時代には、新しい設計方法論が求められる。

向かって座りながら使うものだったコンピュータは小型化し、形も操作方法も身体に近づき、まったく違うものになろうとしている。小型化したコンピュータは身体ばかりではなく、環境にも散りばめられようとしている。僕らはインターネットといえばウェブだと思っていたかもしれない。インターネットは僕らがアクセスするものだと考えてきたかもしれない。しかしこれからは、インターネットが生活にアクセスしてくる。今日のように小さな画面に向かってウェブページを見る姿は、文書や百科事典のメタファにすぎない。人のアクセスを待ち、そこに留まっている知識情報は役に立たない。知識はアクチュエータにつながり、自然に活かされる道具となる。インターネットはもっと人の身体的な行為や体験に近づいていく。身体につながってくる。だから、日常すべてがインターネットに飲み込まれる。そして、仮想とか現実とか、そういった区別もあまり意味がなくなる。重要なのは、体験だからだ。メディアはインターネットただひとつになる。もう既にそうなりつつある。メディアが複数あるように見えるのは、複数のインターフェイスがそう見せているだけだ。デジタルで、メタメディアで、どんなデバイスからもアクセス可能なインターネットは、メディアをひとつにしたのだ。

こういった世界で、僕らは世界とどういうインターフェイスで関わるのが良いのだろうか。今、僕らは、情報をどのように設計し、使うのかが問われている。特に人との接点をどう持つのかについて。情報はどのように身体に近づくのか。情報はどのように道具のように実世界に働きかけるのか。情報はどのように僕らの周りに散りばめられ、僕らと関係を持つのか。

情報技術の発展は早い。デザイナーもエンジニアもそのスピードについていけず、何を学び、何を目指せばいいのか、うまく理解できずに右往左往してるように見える。特にインターフェイスデザインやインタラクションデザインについては、海外からの知見をただただ後追いしてる姿が目立つ。これは、ソフトウェアやネットを活かした未来の世界のイメージを持つことができていないからだ。これではイニシアチブをとることはできない。もっと根本的なところから、コンピュータとそのデザインを考えることが必要なのだ。

本書がテーマにするのは、インターフェイスデザインである。インターフェイスデザインは、画面の中の設計、あるいはその使いやすさと思われている節があるが、それはインターフェイスデザインのごく一部のテーマにすぎない。本書が扱うのは、コンピュータというメタメディアの性質をどのように人々の身体や活動に結びつけるかという点での「インターフェイスデザイン」だ。したがって、人間の知覚や行為、身体性がテーマの中心となる。これらを学ぶことによって、自社で、あるいは自ら、「人間を中心にしたデザイン発想の技術」を作り出すことが可能になる。

本書の主なターゲットは、デザイナーとエンジニアである。そして彼ら彼女らに、インターフェイスとは何かという本質を考えながら、新しいインターフェイスデザインのための発想の手がかりを提供することを目的としている。与えられた技術やメディアのフレームの中でのデザインではなく、新しい体験をつくるために、新しい技術と手法からデザインすること。デザイナーやエンジニアが新しいインターフェイスを世界に先駆けてつくっていくこと。そういう未来を目指している。

本書の7つの章は、ハードとソフトとネットが融け合う時代における、人間を中心にした新しい世界のためのデザイン論である。

第１章

Macintoshは心理学者が設計している

文系と理系

文系と理系という区分けがある。Wikipediaによれば、「文系とは、主に人間の活動を研究の対象とする学問の系統とされており、理系とは、主に自然界を研究の対象とする学問の系統とされている」とある。この定義の是非はあるにせよ、文系と理系という分け方によって自分の進路に悩んだ人も多いのではないだろうか。

筆者自身も高校時、この選択にひどく悩まされていた。日本では、大学へ進学しようとすると多くの場合に文系と理系に分かれる。大学受験を考えると、いずれを選ぶかで受験勉強の方針が決定する。それればかりか、この分岐は今後の人生をも決定しそうな感覚を持つ。

筆者はそんな中、当時通っていた塾の講師に「コンピュータに興味があるのだが、必ずしも理系に向いているのではない気がして悩んでいる」と相談していた。するとその塾講師は、「Macintoshの画面は心理学者が設計している。もしかしたらそういうことに興味あるんじゃないか」とアドバイスをくれた。

コンピュータやものづくりに関わるのに、理系ではなく、一般的には文系と思われている心理学によるアプローチがあるとは、高校時の筆者にとって大きな驚きであった。なによりも、モノの理解と人間の理解の両方が求められるものであることに強い関心を抱いた。それまで心理学といえばバラエティ番組での心理テストのイメージしかなく、あまり良い印象ではなかったが、後に認知心理学という分野の存在を知ることで、これをものづくりや、コンピュータやソフトウェアの設計に活かすことに心惹かれていった。

そうして筆者は、文系でも理系でもない、あるいはいずれでもある分野として「インターフェイスデザイン」という領域があることを知り、それを研究するために大学へと進学した。この時1998年、筆者はこれからのものづくりはインターフェイスが最重要課題になるという確信を持っていた。

実際、1998年以降の産業を見てみると、ウェブデザインの需要が高まり、人の操作を前提にするうえではグラフィックデザインでは対応できない状況が訪れ、インターフェイスのデザインが浸透し始めた。その他、携帯電話を代表とする多様で複雑な情報機器において、インターフェイスデザインの必要性や重要性が問われ始めた。さらに、インターフェイスデザインの歴史と密接な関わりのあるAppleにはスティーブ・ジョブズが復帰となり、iMacやiPodといった革新的な製品やサービスを発表していく時代となった。

そして2010年、ジョブズは「テクノロジーとリベラルアーツの交差点」としてAppleの思想を語る。それは筆者にとっては「Macintoshは心理学者が設計している」という塾講師の言葉に繋がった瞬間でもあった。すなわち、Appleが生み出すイノベーションは理系的なエンジニアリングだけから生まれるのではなく、リベラルアーツ（自然科学、人文科学、社会科学の統合的な知）を織り交ぜた発想によって誕生するということだ。

こういった視点でものづくりに取り組んでいるのはAppleだけではない。Twitterもまた、人間の重要性を示唆している。Twitter創業者の一人ビズ・ストーンは、「Twitterは技術ではなく、人間性の勝利」であると来日時のインタビューで答えている。※1

さて、ではなぜAppleやTwitterは、テクノロジーのみならずこういったリベラルアーツや人間性を自社の製品やサービスの設計に取り入れるのだろうか？

それは、コンピュータが「メタメディア」という特徴を持っているために、それを扱うにはエンジニアだけの知識では太刀打ちできないということを彼らは知っているからだ。

本章では、こうした文系でも理系でもない知識が求められる背景について、人間にとってのコンピュータの本質、メタメディア性という点から紐解いていく。そして、そのメタメディアはこれまでどのように設計されてきたのかを振り返りながら、その可能性と限界を示し、なぜ今「体験」が重要視されるようになってきたのかについて説明していく。

テクノロジーとリベラルアーツの交差点

人間にとってコンピュータとは何か

現在のようにコンピュータが日常的に使われるようになってからというもの、不思議と「デザイン」ということが産業的にも盛り上がっていることを感じないだろうか。そして実際、デザイナーが活躍する時代にもなっている。しかし、それはなぜなのだろう。

それは、コンピュータが「圧倒的な自由度」を持っているためだ。だからデザインしなければ使えないのだ。したがって、まずはこのコンピュータの自由度を理解することが鍵となる。

コンピュータの自由度

コンピュータは（電子）計算機だ。今日のコンピュータは、デジタル化によって0と1だけ使う。ON/OFFの2進数を超高速に演算して、あらゆることを表現する。人間が日常的に使っている10進数も2進数で表現している。01の羅列でABCなどの文字を表現できることに気づいた。文字に限らず図形などを表現できることにも気づいた。図は画面を高速に書き換えれば動画になることにも気づいた。音楽を扱えることにも気づいた。計算という方法によって、計算以外に利用できることに気づいた。つまりコンピュータは、人間の文化や知的営みを支えている言語や記号、絵などを扱える自由度を本来的に持っているものなのだ。

20世紀後半、ヴァネヴァー・ヴッシュ、ダグラス・エンゲルバート、アイバン・サザランド、アラン・ケイなど多くのコンピュータサイエンティストによって、コンピュータのこの自由度を人間の知的営みへと応用し、人間の知的能力の拡張や強化に利用するという思想を巡って様々な試作が行われ、現在はパーソナルコンピュータ、つまり「パソコン」というかたちで普及していった。産業革命が蒸気機関や電気電動による肉体的労働力の拡張や外在化だったとすれば、パソコンは知的能力の拡張や外在化を目指したと考えるとわかりやすいだろう。

コンピュータの可能性の本質

パーソナルコンピュータは、知的能力の拡張や強化を専門家のみならず一般の人へまで広めていった。これについては、アラン・ケイの思想や、それを実行したIBM、Apple、Microsoftの影響が大きく、今私たちがキーボードやマウスといったものを利用して仕事をするスタイルは、彼らによってつくりだされたとも言える。

とはいえ、コンピュータは知的能力の拡張や強化をするものであるという考え方を前提にすれば、パソコンのこのような「仕事に便利な道具程度の応用」というのは、コンピュータの可能性のほんのひとつの例に過ぎない。パソコンというものは当時のタイプライターとテレビの組み合わせという極めて現実的な方法で実現したひとつのかたちでしかなく、知的増幅のためのひとつの手法に過ぎないのだ。

研究者の中では、パソコンというあり方は研究としてはいったん完成し、90年代前後には次の知的増幅や強化・拡張のあり方も模索されていた。たとえば、その中で最近よく耳にするようになったのが、スマートフォンが登場してまもなく話題になったARだ。

ARはAugmented Reality、「拡張現実感」あるいは「強化現実感」という意味で、これも知的能力の拡張を目指しているものだ。この「知的能力の拡張」というのは、パソコンが仕事に便利な文章や計算などの記号的処理にとっての拡張や強化だとすれば、「もっと人間の知覚（感覚）や行為などの身体能力自体の拡張や強化をしよう」という発想だ。

さまざまな拡張があるが、真っ先に適用されたのが人間の「見る」という視覚能力の拡張強化だった。たとえば、スマートフォンをある方向にかざすと、カメラから入力された風景の映像の中に、そこには存在しないキャラクターや文字などの情報が重ねられて表示されるというものだ。

混同しやすく近い分野として、VR（Virtual Reality）がある。しかしVRは、コンピュータの画面の中に現実世界と同じような体験ができる世界を作ることを目的としている。ARの目的は、人間の感覚を通じて体験する現実世界を、感覚と現実世界の間にコンピュータの能力を使うことによって、人間の感覚を拡張・強化し、現実世界の体験を変容させようとするものだ。

ARは、カメラの映像の中に何かを重ねて表示されるものとしてたくさんのアプリケーションが出回ってしまったために、そういう重畳表示技術だと思われてしまっている可能性があるが、そこは本質ではない。ARが目指すのは、知覚や行為の身体能力の拡張や強化であり、聴覚や触覚、行為や行動もその適用範囲である。

このように、コンピュータがもたらす知的増幅や強化は、人間の知覚や行為といった身体能力へまで拡がろうとしている。家電量販店で販売されているものだけを見てコンピュータの進化を考えてしまうと、デスクトップ型、ノート型、あるいはタブレットだ、スマートフォンだ、などと考えてしまうかもしれない。しかしエンジニアやデザイナーであるならば、コンピュータの進化の本質は知的増幅装置としての進化、歴史として捉えることが大切だ。

パソコンが一般化した理由

パソコンは知的増幅装置としての一形態であることはわかったが、それではそもそもパソコンはどのようにして一般の人々に受け入れられたのだろうか。これを考えることで、コンピュータという自由度の高い装置の設計方法の一端が見えてくる。

コンピュータが知的増幅装置として民生化したのは、あらゆる人にとってわかりやすいグラフィカルなユーザーインターフェイス、すなわちGUIを提供したことによる。そして、わかりやすいユーザーインターフェイスの中核となったのが「メタファ」の採用である。

メタファとは、比喩、あるいは見立てることであり、今日のパソコンで言えば、起動して表示される画面を「デスクトップ」と呼び、データを「ファイル」という単位で表現し、「フォルダ」でそれを管理し、不要になったら「ゴミ箱」に入れるというようなことだ。人々の暮らしの中で使われる机やファイルなどを、コンピュータでグラフィカルに見立てて、人に伝わりやすくするためのものだ。

メタファによって、コンピュータのデータやその構造を、日常生活と同じ感覚で使えるようになり、ゴミ箱があれば「ファイルを捨てるのはここかな？」というように、コンピュータ上の「データの消去」の概念をユーザーに類推させることができる。たとえばMicrosoftのワープロソフトWordでは、ツールバーに並んでいるアイコンの多くは日常生活にある物や道具を表現しているため、説明書を読まなくても、ハサミのアイコンであれば「切る？　カット？」といったような推測を可能にする。

アプリケーションもメタファ

メタファの採用は、GUIレベルだけではない。アプリケーションもメタファだ。たとえばWordは、「文章を書く」ということをメタファとして採用しているアプリケーションだ。レポート用紙のような紙、そして文字を書くタイプライターを見立てている。だから実世界のノートや本と同様に、「枚」あるいは「ページ」という表現を採用している。

ほかにも、お絵描き装置に見立てているものもあるし、楽器に見立てているものもある。アプリケーションというのはコンピュータの「見立て」であり、それによって一般の人がコンピュータを計算機として認識せずに、自分にとっての恩恵が受けられる便利な装置として認識できるようになるのだ。小説家はより効率的に小説を書く装置として、画家は何度でもやり直しができるキャンバスとして、作曲家は音を出しながら作曲できる譜面として、というように。

Appleはこの点をよく理解していた。だから、1984年に発売したMacintoshにたくさんのアプリケーションを標準搭載した。これによってAppleは、一般の人々に向けて、コンピュータを計算機としてではなく知的で創造的な道具として、その可能性を示した。つまり計算機をアプリケーションによって知的な道具に見立てたことで、「自分のやっている仕事がそこでできるかもしれない」と感じさせたのだ。これはとても大切なことだった。コンピュータの自由度を「制限」し、「定義」することで、人々に魅力を伝えたのだ。

メタメディア

アラン・ケイは、こうした何にでも見立てられる自由度を持ったコンピュータの本質を、「ダイナミックなメディア」「メタメディア」と言った。

コンピュータは、他のいかなるメディア――物理的には存在しえないメディアですら、ダイナミックにシミュレートできるメディアなのである。さまざまな道具として振る舞う事が出来るが、コンピュータそれ自体は道具ではない。コンピュータは最初のメタメディアであり、したがって、かつて見た事もない、そしていまだほとんど研究されていない、表現と描写の自由を持っている。それ以上に重要なのは、これは楽しいものであり、したがって、本質的にやるだけの価値があるものだということだ。

（『アラン・ケイ』、鶴岡雄二 翻訳、1992、アスキー）

コンピュータの原理は計算機だとしても、その自由度によって何にでもなれる。このメタ性のために、今日のコンピュータのことを「計算機だよね」と言っても意味がなく、アプリケーション、すなわちソフトウェアが重要となったわけだ。しかもアラン・ケイがメタメディアと言った時代からコンピュータの計算性能は何倍にもなっているため、そのメタメディアの見立ての可能性や役割は万能的と言っていいほどだ。また、コンピュータの性能が仮に今の何倍に上がったとしても、コンピュータの本質は「何でも表現可能な装置、メタメディア」であり、今後の将来にわたってもその性質に大きな変化はない。

重要なことは、この万能性を一般の人々にそのまま提供しても、「何でもできます」では何も提供していないことと同じであるということだ。したがって、この万能性を適切に見立てて定義したり、適切な体験を与えられるようにし、その役割を設計（デザイン）する人が、コンピュータの普及とともに必要になったわけである。その要求として、デザイナーあるいはデザイン的発想が重要になったのだ。「デザイン思考」という言葉が最近話題なのも、これに由来すると言っていいだろう。

見立てのプロフェッショナルは誰か

メタメディアを見立て、定義する必要から、デザインが重要になった。しかし、このデザインは、いったい誰がどのようにアプローチするのか。

ここで登場するのが、人間の認知的側面を理解する心理学者なのだ。コンピュータは登場したばかりであり、その本質は万能的なメタメディア性である。だからこそ、人間の側、認知の側面からの発想を用いて設計しなければ、手立てがないのだ。そこで心理学者がコンピュータの最初のデザイナーとして呼び出され、あるいは心理学的知見をデザインの基盤として利用されることになったのである。

インターフェイスデザインを学ぶ人ならまず読んでおけと言われる書籍、D. A. ノーマンの『誰のためのデザイン？』は、まさにこの点にフィットしてくるものだ。そこに書かれているのはグラフィックデザインのノウハウではなく、人間の認知の性質やモデルだ。たとえばデザイナーのメンタルモデルとユーザーのメンタルモデルが合わず、製品に対するイメージの認識がずれることを指摘する。つまり「こういう製品でこのように動作するものだ」ということが、デザイナーの設計意図や考え方とユーザーでは異なることがあるという指摘だ。

ヒューマン・コンピュータ・インタラクションの研究者たち

こうした心理学的知見としてのデザイン、そしてコンピュータの技術的性能の知見を併せ持つのが、ヒューマン・コンピュータ・インタラクション（HCI）の研究者たちである。そして、HCIの研究者たちこそ、メタメディアの見立てに貢献してきたのだ。

HCIの研究者は、コンピュータと人や、それをとりまくコンテクストや社会を同時に理解しながら設計を行う専門家である。彼らは、コンピュータが生活に入ったときに人々の暮らしがどう変わるのかを設計してきた。「インターフェイス」というと画面のレイアウトデザインの話と思う人も多いかもしれないが、もっとずっとマクロな視点でコンピュータと人との関係を設計し、「人々にとってのコンピュータ」を定義するのである。

HCIの専門家からすれば、「人間にとっての」コンピュータの性能は、端的に言えばインターフェイスであることを知っている。人にとってはインターフェイスがすべてであるためだ。HCIの専門家の立場からすると、インターフェイスの設計とは道具や画面の設計ではなく、人の行為や活動をつくる設計のことであり、すなわち「人々のいつもやっていること」をつくる日常の風景の設計である。そのため、インターフェイスを変えれば人々の行為が変わることを知っている。また、インターフェイスを変えれば人々の体験が変わることをよく知っている。同時に、インターフェイスを大きく変更するとユーザーの混乱が起こることもよく知っている。それだけ人もメディアの性質もよく知っている。エンジニアリングしながらも、常に視点は人へ向いている設計者（デザイナー）が、HCIの研究者たちである。

そして一方で、だからこそ彼らはメタファの問題点も知っている。たとえば、フォルダの中に無限のフォルダをつくっていける構造は実世界ではありえない現象であるし、保存ボタンのアイコンはフロッピーディスクだが、現在はフロッピーディスクはほぼ使われていないから見立てにならない。ものによってはメタファには時代の文脈が利用されるため、時代が変われば利用できなくなるものもあるのだ。

また時代も変わってきた。これまで導入されたメタファの目的は、コンピュータをより人間の文化にあるものに合わせて、ユーザーに親しみやすくする目的が強かった。その成果は現在のパーソナルコンピュータの普及である。彼らは、そのようなユーザーに親しみやすくするうえでの「パーソナルコンピュータのユーザーインターフェイス」の研究から、今はまた原点である「知的能力の拡張」を目指して、次のコンピュータ、メタメディアのあり方を研究している。

メタメディア性の発揮とメタファの限界

コンピュータはメタメディアであり、それを定義することがデザインであり、その方法として、見立てること、すなわちメタファが使われてきた。しかしながら、メタファにも限界が見え隠れする。たとえばTwitterやFacebookなどのアプリケーションやサービスは、これまでの実世界にあったものだろうか。何かの見立てとして生まれたサービスだろうか。Twitterはおそらく、やったことのない人に説明するのは難しかったと思う。なぜならそれは、参照すべき現実世界のメタファがないからだ。「つぶやき」とは言うが、みんなでつぶやくことが面白いという価値は、現実世界の体験には存在していない。インターネットが普及し始めた当初は、コミュニケーションサイトは「掲示板」という見立てをしていたが、今ではそういう表現は減りつつある。TwitterもFacebookも、今では大きく見ればソーシャル・ネットワーキング・サービス（SNS）とカテゴライズされるが、たとえばニコニコ動画は、これまでの何かにたとえられるだろうか。このように、これまでの「実世界↓見立て」の図式では説明しにくいものが現れ始めているのだ。

これは、メタメディアに加えてインターネットの掛け合わせによって、もはや私たちがかつて体験したこともない時空間を有したということである。星でたとえるなら、地球から飛び出て月の上で、地球とは異なる物理法則や気象現象などのもと、新しい街や生活をつくろうというようなことに近い。そこで、「やっぱり重力があったほうがいいよね」ということで、地球のような生活を実現していくのか、「無重力をうまく使ったほうがいいよね」ということで、月らしい生活を実現していくのか、そんなあり方に近いかもしれない。したがって、メタメディア×インターネットのポテンシャルを活かすためには、実世界の見立て、そして実空間や実社会のメタファは邪魔になってしまう可能性があるのだ。

新しいアプリケーションやサービスが現実世界で見立てられるものがないとすれば、当然そのUI面でも、どんなメタファを利用するかは難しくなるし、むりやりメタファを利用すれば誤解を招きかねない。そこで採用されたもののひとつが、「フラットデザイン」というUIの考え方だ。

UIの脱メタファー――フラットデザイン

フラットデザインとは、単色に近いUIのコンポーネントを使った見た目上のデザインのことである。これまでの、何かに見立てたような表現は極力しないもので、MicrosoftのWindows 8をはじめ、AppleのiOS 7、Mac OS 10.10 Yosemiteにも採用された。

これまでは、AppleのUIデザインは「スキュアモーフィズム」といって、たとえば木製のリアルな質感表現や、時計の文字盤前に取り付けられたガラスの光沢感の表現など、現実世界にある物、しかも高級感のあるような物を参考にしたような表現が意図的に行われてきた。スキュアモーフィズムは、パソコンをあまり触ったことのない人にとっては、現実世界で見たことがあるような素材感で表現されていたり、そこから触れられる場所（ドラッグ可能かなど）かそうでないのかなどの判断もつきやすく、親しみやすい。一方、パソコンをよく使う人にとっては、そうする必要性はないし、冗長にも感じられてしまうという問題があった。

しかし本当に問題なのは、現実世界にはない発想のアプリケーションや見立てられないものの場合には、スキュアモーフィズムでは壁にぶつかるということだ。しかも、ここでスキュアモーフィズムや何らかのメタファを採用してしまうと、逆に本来の目的にはない類推や先入観を与えてしまう可能性もある。

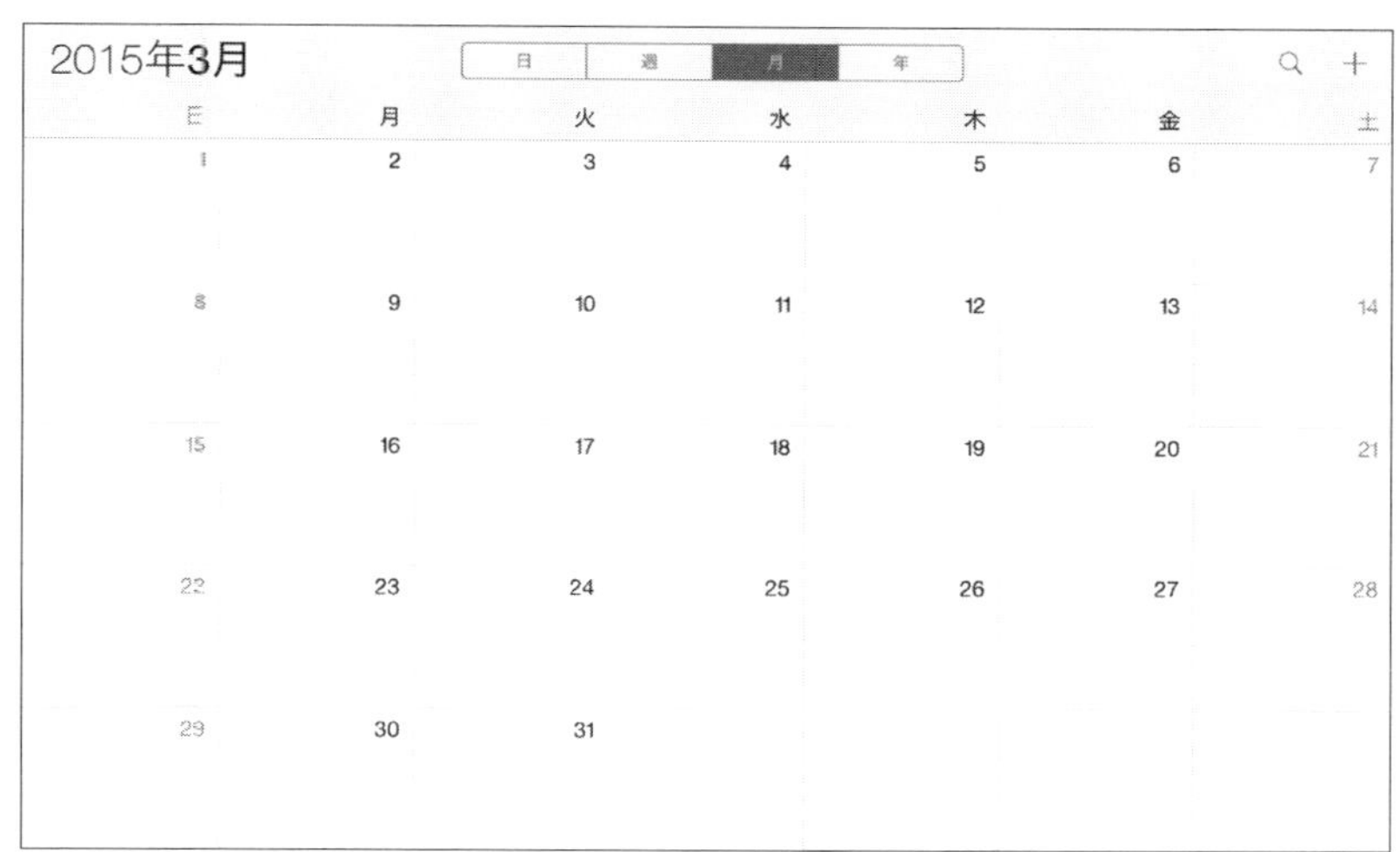

フラットデザインの例

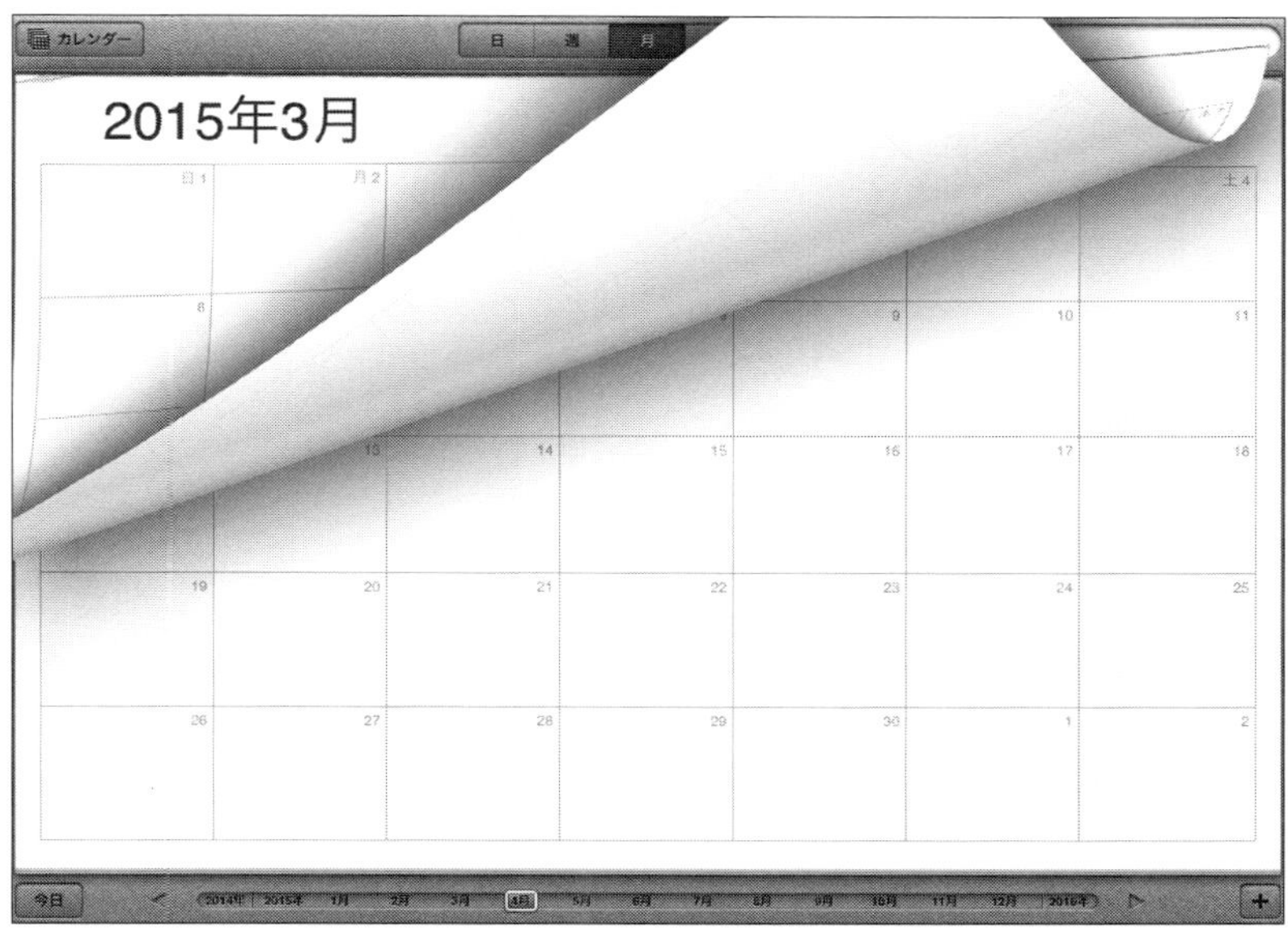

スキュアモーフィズムの例

このように、メタファの採用は、コンピュータというものがまだ一般的ではない時には「それが何であるか」の価値をわかりやすく伝えるために有効な手段だったが、現実世界の枠組みに縛られるという問題もあるのだ。

メタファのないデザイン

フラットデザインは原則的にメタファを使わない。言い換えれば、フラットデザインはメタメディアという表現の自由度と柔軟性の高さを駆使し、活かしていこうとする流れである。物理的制約を表現する必要もなく、文化を表象する必要もなく、コンピュータの性能やデバイスの性質を活かしてデザインする世界だ。

ただこれまでは、スキュアモーフィズムとフラットデザインはデザイナーの実務作業から論じられることが多く、影の付け方や色の使い方などが比較の対象となり、この点で議論してしまうと、単なるスタイル論やスキン論になってしまうことが多い。スキュアモーフィズムは意匠の話ではなく、メタファという流れの結果であり、メタファの導入によってコンピュータのメタメディアという性質に価値を与えていたわけである。フラットデザインはメタメディアであるコンピュータに、メタファ抜きで新しい価値を与えようとする試みであり、気分的なスタイリング変更の話ではないのだ。

メタファからの脱却

メタメディアは万能性を持つために、既存文化にあるメタファという制約を使うことで一般の人々にコンピュータを表現し、価値を与えた。メタメディアの最初の使い方としては、これまでのような文化の置き換えを利用するやり方は、一般の人々から支持を集めて普及させるためには賢い方法であった。たとえばiPadというタブレットが発売されたときに、「タブレットとは一体何なのか、何に使うのか」といった自分にとっての価値については伝わりにくかったと思う。そこで、たとえば「これは本になるんだ」ということ示すために、実世界の本に見立て、「ページをなめらかにめくるようなインターフェイス」を採用することで人々の理解を促した。これはソフトウェアエンジニアからみれば、「面白いかもしれないが、そこまでする必要あるの？」と感じてしまうわけだが、一般の人にとってみれば、「いつも私が読んでいる本が、いつもと同じ感覚で読めるんだ」という安心感を与えながらも、実際の本のような質量もなくネットからダウンロードできるメリットも同時に受けられることになるわけだ。

しかしこういったメタファが、メタメディアの拡大に伴い、メタメディアの性質を活かすうえで制約となりかねないのだ。なぜなら、今後メタメディアはInternet of Things（IoT：モノのインターネット）という考え方のもと、鉛筆や椅子のような非家電製品にまでインターネット接続され、何にでもアクセス可能になるため、メタメディアの性質は物理世界に拡大していこうとする時期だからだ。また、3Dプリンタがインターネットのインターフェイスのひとつになり、情報の転送のみならず物質をダウンロードするかのように利用できるようにもなる。この時、これらハード、ソフト、ネットの境界は明確にはなくなって融け合い、メタメディアの万能性は物質へも拡張する。したがって、これからの社会ではこの万能性の高いメタメディアを「メタファではない方法」でその性能を引き出しながらも、人にとっても都合の良い新しいインターフェイスをつくるということが問われてくるのだ。これが、これからのデザインの挑戦だ。

脱メタファから新しい軸へ

それでは、メタファを利用しないでメタメディアの性能を引き出しつつ、人にとっても都合が良い新しいインターフェイスはどうやって発想し設計できるのだろうか。これを考えるにあたって少しのヒントとなるのは、知的増幅装置としてこのような進化をたどってきているということを改めて考えることだ。知的増幅と聞くと、何か賢いまじめな装置に考えてしまうかもしれないが、知的な側面には、仕事的なこと、コミュニケーションのこと、文化的なさまざまなことがあるし、もちろん遊びやエンターテイメントなども対象だ。大きく言えば、「人間がやることすべて」とも言える。つまり、やることすべての結果は、体験だ。それを拡張、強化しようということだ。

近年、UX（User Experience）の重要性が問われるようになったのも、メタファを超えて、人間が価値を感じる体験からメタメディアを定義し、設計していこうという流れの結果だ。体験価値を定義できれば、それを引き出すための手立て、つまり設計が可能になる。メタメディアという万能性と、最終的に人間と関わるということを考えれば、体験を軸にした設計は合理的な方法だ。ARであっても、リアリティ（現実感）という扱いをしているが、最終的には人がどのような体験をするかということに尽きる。要は、ARやUXという知的増幅や強化の流れは、人類の「まだ見ぬ体験への到達」という欲望の現れなのである。

体験を軸にした設計へ

キーワードは「体験」である。体験をどうやってつくったり、人の体験をどうやって拡張したりするか、ということだ。しかし、体験は良い考え方でもあるが幅広くもあり、都合の良すぎる言葉でもある。議論の文脈によっては体験の意味もゆらぐ。だから注意が必要だ。

そこで筆者は、体験について次のようにレイヤ分けをすることで、インターフェイスのデザインやものづくりを考える際の発想のフレームとして、あるいは体験（UX）を考える視点として利用している（次ページ）。それぞれについて見ていこう。

現象レイヤ

まず「現象レイヤ」は、人間にとっての価値観や意味などをいったん保留にして、素朴に人間の振る舞いを捉えていく視点である。インターフェイスデザインは、デザインといっても人間を中心において設計する分野である。人間を中心に置くため、人の認知や心理を扱う。学問的には、コンピュータや人工知能の分野と共に発達した認知心理学や認知科学の領域が大きく影響している。認知科学では逆に、インターフェイスを含むコンピュータサイエンスの研究成果から、それを認知的理解のために研究することもある。

また人間の研究という点では、生物的ないし生理的側面からの人間研究や知覚心理学もある。そういった人間理解や知覚心理の根源的な問い、源泉として、現象学もまた人間について考えるうえでの大きな下地になっている。

インターフェイスデザインにおいては、コンピュータスクリーン上にどう提示するとどう見えるか、あるいはどう感じるか、つまり総称すれば「どういう体験になるか」を検討するのがこの領域である。

レイヤ	議論分野	設計対象	設計されるもの
社会レイヤ	経済学 社会学	コンテクスト	印象 ブランド
文化レイヤ	文化人類学 言語学	コンテンツ	ストーリー
現象レイヤ	認知心理学 状況論 知覚心理学 現象学	インターフェイス	知覚・行為 身体性

体験の３レイヤ

モノやデバイスに触れている最中の知覚や身体への親和性を検討する視点である。

文化レイヤ

「文化レイヤ」は、人々の民族性や集団の観点からその行動様式を捉える視点である。コンピュータはメタメディアであり、さまざまな利用可能性を持つ。コンピュータは専門家が使う機械にとどまらず、日常的で一般的な用途においても利用が広がり、その可能性は今日も広がっている。そういった個々人のライフスタイルの文脈から、適切なコンピュータの利用価値を探る視点である。かつ、コンピュータにおけるサービスやアプリケーションを発想する時の思考レイヤである。

社会レイヤ

「社会レイヤ」は、社会的な位置づけでの設計視点である。社会の事情、または社会システムが関与することによる人間の捉え方である。価格的価値としての情報や、社会的な意味、流行、社会集団における価値観、あるいは経済的な合理性を含んだ設計視点である。たとえば、人はいくら良いものだと判断しても、お金を所有していなければそのものと交換できない。つまり現象レイヤで良いと認知的に判断したとしても、社会的にはそれを入手することができない。

そして本書は、この3つのレイヤのうち、現象レイヤと文化レイヤに相当する部分の設計論となる。多くのユーザーインターフェイスに関する書籍は、人のことを「ユーザー」と言うことで、比較的シンプルに人を扱っている。その点で、多くのユーザーインターフェイス設計論は社会レイヤや文化レイヤでの設計論となっていることが多い。この理由は、「よく売れるようにすること」であり、そのためにはどうしてもユーザー像をより具体的にする必要もあり、マーケティングからの要求などもあって、社会レイヤでの設計が求められるためである。

一方で現象レイヤは、「売れるようにする」ための直接的なファクターになりにくい。ただし現象レイヤの設計がうまくできていないと、「使うのをやめる理由」「次回は買わない理由」になってしまう。たとえばUIの「モッサリ感」などはその一例である。社会レイヤの設計だけしかなされていないものだと、実際に購入し利用してみると「だまされたかのような」感覚を与えてしまう。あるいは社会レイヤと現象レイヤのギャップがあると、ネガティブな印象を与えてしまう。

現象レイヤの設計がうまくできていると、「ただ触っているだけでも気持ちが良い」というような感覚を提供できる。そこで、文化レイヤでの満足感を満たすように、ユーザーにとって意味のあるコンテンツをしっかりと提供できれば、継続的な利用が期待できる。現象レイヤの設計がよくできていると、高いコンテクストとコンテンツを持つエクストリームユーザーが、モノとしてよくできていると判断する。これが、顧客でいうところのいわゆる「アーリーアダプター」である。

これまでは、人間の認知や心理から考える現象レイヤに相当するインターフェイスの書籍はあったものの、その内容はやや古い。やや古いというのは、人間の認知モデルが古いというよりも、現在の情報技術が前提になっていないという意味だ。たとえばiPhoneのようなマルチタッチのインターフェイス、任天堂のWiiやMicrosoftのKinectといった身体性のあるインターフェイス／インタラクションを説明するモデルは、従来のデスクトップコンピュータと人間との関係における認知では説明が難しい。しかも情報技術の利用はネットワークも前提であり、ユビキタスコンピューティング、IoTなど、もはや従来のコンピュータの影も形もないような状況での人とのインタラクションを考えなければならないのだ。

体験をデザインする視点

本章は、本書の背景、そして問題提起となる章である。少し振り返ろう。

コンピュータの知的増幅のために、そのひとつとしてパーソナルコンピュータというかたちが生まれ、文書作成装置、グラフィック描画装置、作曲装置など、人類の構築してきた既存の文化のメタフアによって、アプリケーションやユーザーインターフェイスを提供するという方法をとって世界中の人々がそれを価値あるものと判断できるようになり一般化した。

しかし、コンピュータとは本来メタメディアであり、その万能性に価値がある。しかもインターネットも背後にある。さらにその前提として知的増幅強化の思想がある。そのような中で、たとえばTwitterやFacebookのように「既存の文化の見立て」では説明しにくいものが現れ、人々はそれを受け入れ利用する状況に至った。また、それに合わせるかのように、UIについてもメタファベースのスキュアモーフィズムからフラットデザインへと動き出した。

そして、コンピュータ、インターネットが当たり前の世界。そこでHCI研究者をはじめ、ソフトウエアエンジニアやデザイナーたちは、メタファなしにメタメディアとしてのコンピュータを定義しようとし始めた。そこに見つけた方法論のひとつが、「体験」を軸にした設計だった。まだ見ぬ体験へ、体験の拡張を目指して。

本書で目指すことは、こういった体験を中心としたものづくりの発想である。コンピュータ、そしてソフトウェアを中心としながら、身体感覚や身体性のあるものづくりをどうやって考え、発想するのかを考察する。ものづくりの世代から見ると、「今のものづくりは画面や情報であり、非物質でモノではないじゃないか」という感覚を持つ人もいるかもしれないが、そういうことではないということを以降の章で紹介する。

むしろ物質も結果的には体験であり、実は情報的に捉えられる。だから情報も物質も分けない設計ができる。そこには、デザイナーにとってはこれからのデザインの手立てが、エンジニアにとってはこれからのエンジニアリングの手立てがある。言い換えると、そこにデザインとエンジニアリングが融け合う新しいものづくりの発想が見えてくる。本書は、多少のエンジニアリング的内容と、多少の現象学的、心理学的内容を混ぜ合わせた「設計の発想」の本である。

※1　http://japan.cnet.com/interview/20401672/

第２章

インターフェイスとは何か

透明性へのアプローチ1：道具の透明性

本章では、「インターフェイスとは何か」について考えていく。その際に大事なテーマになるのが、「透明性」である。「透明」とは色ではなく、認知や意識が自然に、また無意識的に起こることの比喩である。

インターフェイスの透明性を議論するうえでは、道具と環境という2つの面から考えるとわかりやすい。そして、道具の透明性は身体の視点から、環境の透明性は行為の視点から考察していく。本章ではこの2点から、「インターフェイスを設計することとは何か」に迫る。

ものづくりにおいて、インターフェイスとは、モノと人との境界面のことを指す。設計の対象としてインターフェイスが意識されたのは、かなり最近のことだ。

次ページの図は道具の発展を示したもので、石器時代から始まり、現代の情報システムにおける人と操作対象が示されている。この図からわかるように、道具の発展に伴い大きな力が得られるようになった一方で、人と対象の間に機械や情報処理が入り込み、人間の操作は対象に対して徐々に間接的になってきている。つまり、原因と結果が間接的になり、何をしたらどうなるのかの関係性が複雑でわかりにくくなってしまったのだ。これによって、どんなに力を得られるテクノロジーであっても、

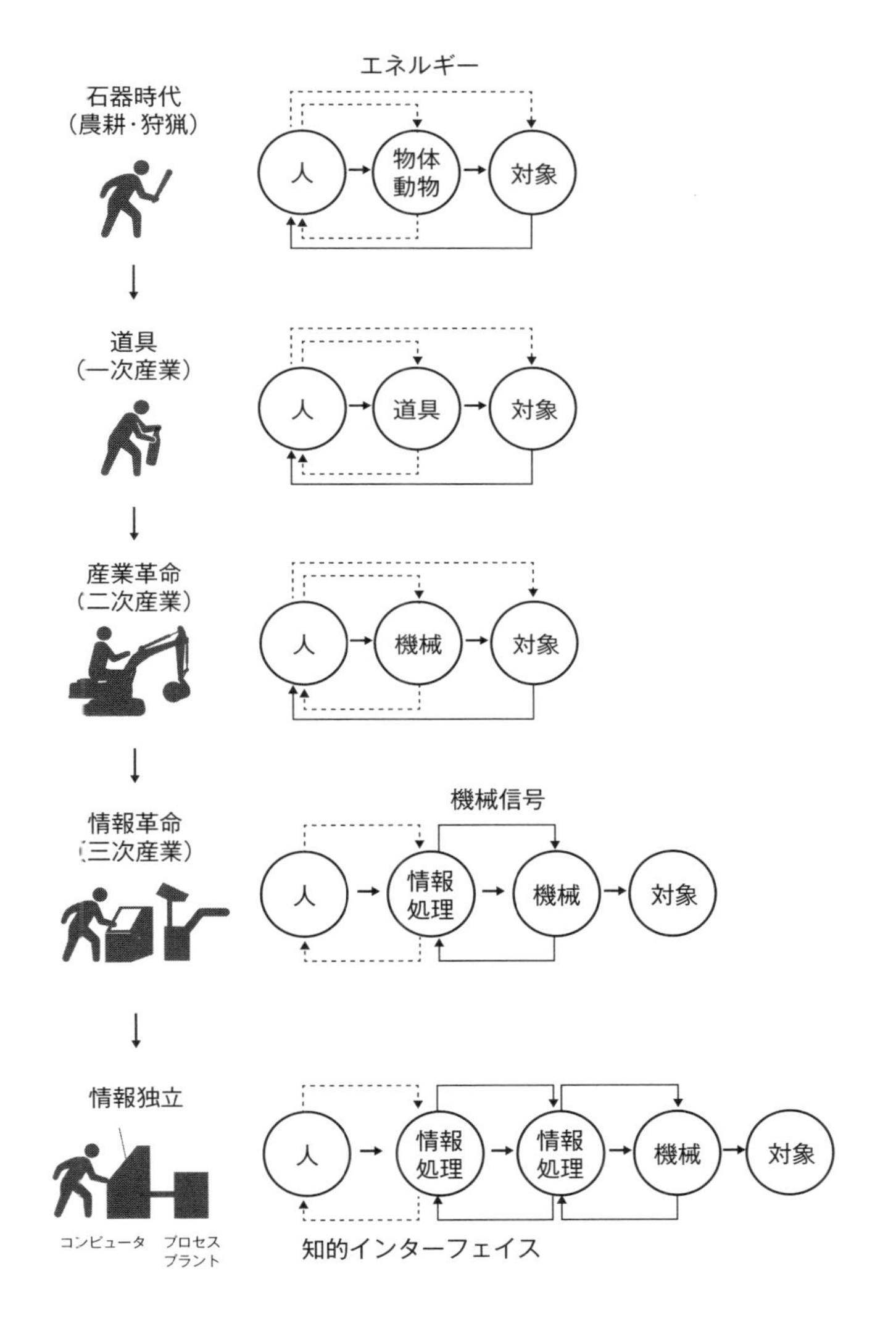

人と対象の関係が徐々に間接的になる、道具の発展の歴史
『認知的インタフェース―コンピュータとの知的つきあい方』
(海保博之、黒須正明、原田悦子 著, 1991, 新曜社) より、一部を改変して作成人間がきちんと操作・制御できなければミスや事故をもたらし、そもそも仕事のパフォーマンスを発揮できないという事態になってしまう。

これを反省し、人間にとってのインターフェイスの重要性が意識されるようになった。そうしてヒューマンインターフェイスの研究では、石器時代のような道具のあり方、すなわち原因と結果が直接的な関係になることをひとつの目標とするようになった。たとえばハンマーのように、手に持つとそれ自体を意識せずに、釘を打つこと（対象）に集中できるようなあり方を理想であると考えるようになった。これを「道具の透明性」という。透明というのは比喩であり、道具を利用している最中にそれ自体を意識しないで済む状態、あるいは意識しなくなる現象のことを指している。

道具の透明性は哲学の領域で議論されており、たとえばハイデガーの議論――道具的存在、事物的存在の考え方が有名である。「道具的存在」というのは透明の状態を意味し、「事物的存在」というのは透明ではない状態（対象としての意識がある状態）を意味する。

モノというのはこの両方の性質を持ち、道具的存在と事物的存在を行き来している。たとえば、人工知能研究とヒューマン・コンピュータ・インタラクション（HCI）で有名なアメリカのコンピュータサイエンティスト、テリー・ウィノグラードは、「普段は文字を入力しているときに、パソコンのキーボード自体を意識することはないが（道具的存在）、なんらかの処理の問題で、入力した文字がすぐに表示されないと、キーボードのキーが「引っかかる」という属性をもって現れてくる（ブレイクダウン）事物的存在になる」というように説明した。[※1]

つまり道具に何か問題が発生すると、その道具が意識に上り、それ自体を対象として扱う（事物的存在になる）。しかし、道具に問題が起きなければ、それ自体は透明性があり、たとえばキーボードでは「文章を書く」ということに集中できる（道具的存在になる）。

iPhoneの設計を理解するには？

さて、このような話をすると、インターフェイスは小難しい定義の話のようで、机上の空論のように思われてしまうかもしれない。特にエンジニアリングにおいては、こういった話は敬遠されがちである。しかしながら、たとえば「iPhoneは非常に滑らかにサクサク動くが、なぜあそこまでやる必要があるのか？　その意味は何か？」という疑問に対して、「指とグラフィックとの高い動きの連動性が道具的存在となり、自己帰属感をもたらす。そしてその結果、道具としての透明性を得るためだ」という説明ができるようになる。このことは第3章で詳しく述べるが、少なくとも説明ができるということは、設計への手立てが生まれることになるのだ。

これまでの日本のものづくりでは、職人的発想が邪魔するためなのか、強く言語化しないことのほうが美徳だと考える風習がどことなくあったように見える。しかし今日のものづくりでは言語化は欠かせない。なぜなら、モノとは言ってもそれはメタメディアであり、情報であり、「存在しないもの」を存在するように設計しなければならないし、体験を設計しなければならない時代だからである。物質をベースに設計していた時代は、体験は設計されたものに比較的素直に訴えるが、情報でそれをやるには明確に設計が必要である。しかも産業発展サイクルも速い中で組織として良いものを作ろうとしたら、そのような非物質的で抽象的な情報をまずはどのように言語化や具現化し、意味、価値、意義を共有するかは死活問題だ。

筆者がいくつかの企業と共同研究してきた中では、インターフェイスやインタラクションの設計するうえでの語彙はかなり少ないように感じたし、たとえば「サクサク感」というオノマトペを使った表現をしたり、「スッと出てくる、パッと現れる」というような表現をしたりする。「反応速度」あるいは「応答速度」と言うことで説明できる部分もあるが、それだけでは設計に落とし込むことはできない。

こういう点に関して、個人のデザイン事務所のほうがたまに良いものを出してくることがあるのは、個人でやる限りは個人の設計作業のイテレーションの中で調整して収束した解として良いものが生まれてきやすいからである。もちろん、だからといって個人が言語化せずにやればいいかといえばそういうわけではなく、それには時間のかかることだし、大規模になれば個人の能力に委ねることは危険な発想であろう。

だから、企業といった組織においては、言語化なりツール化することが極めて重要になるのだ。価値や意義を説明できる視点、言葉、その高い解像度がなければ、たとえばiPhoneのようなUIは、単に美観に優れていて、カッコイイ洒落たデバイスで演出的なもの、流行性のものだと考えてしまう。デザインをスタイリングであると考えてしまう。実際、iPhone登場直後は、iPhoneを誤解したスタイリングとしてのデザインを真似た製品が数多く出回った。しかし、それは触ればすぐにわかるが、iPhoneとは道具として大きな差があった。おそらく発想としてはこうだろう。「iPhoneはこんなに美しいアイコンやアニメーション演出を入れてきた。うちはそれを超えてもっとすごい演出を入れていけば、iPhoneの先を行ける可能性がある」と。もしこんなふうに捉えているとしたら、iPhoneの良さは理解できない。そればかりか、逆にスタイリングに注目したことによって非道具的存在となってしまう結果だったように思う。設計というのは思想や視点の集積であり、設計とは考え方である。だからAppleはヒューマンインターフェイスガイドラインを策定し、考え方を言語化するのだ。

なぜ透明性が重要なのか

「透明性」とは、道具を意識しないで利用できることである。ではなぜ道具を意識しないで利用できることが重要なのか？　この答えは比較的単純である。私たち人間は、道具を利用することにより、ある力を得られるからである。ハンマーであれば釘を打つことができ、それは手では到底できない。このように、人の力を拡張する、にもかかわらず実際に利用し始めるとそれ自体を意識しなくなるのだから、いわば何も持ってないのと同じ、つまり自分の身体と同じような感覚でその力を利用できるのである。したがって、道具の「利用」においては、極端に言えば道具は物質ではなくなる。質量がゼロになるとも言える。不思議な言い方かもしれない。しかし、自分の手は質量があるかもしれないが、自分の手の重さを自分では知覚できないだろう。これと同じように、道具が透明化するということは「自分の身体と同じような状態」になるのである。そしてこの意味において、道具は「身体の拡張」と呼ばれる。

この、「透明になりながらも力を得られる」というメリットをデザインに活かさない理由はない。だから、道具の透明性を目指した設計が重要なのである。では、どのような設計が透明性を得られるのか。それが課題となる。

またコンピュータというそもそも質量を持たない世界でどう透明性を設計するか、それも挑戦である。コンピュータは小型化し、いつもスマートフォンとして持ち歩くようになり、今後もますます身近になっていく。近い将来にはコンピュータと身体との融合が基本的なテーマになることは間違いない。このとき、人間とコンピュータ、双方の力をいかに発揮するかが重要な課題になり、そこで透明性が議論となる。これは、力を得ようとする人間の根本的な欲求から来るものである。

透明性へのアプローチ2：環境の透明性

道具の透明性に続き、ここからは環境の透明性について考察していく。

テクノロジーというものを捉える際には、身体の側面と環境の側面に分けて考えることができる。後者はたとえば、雨や風をしのいだり、気温を一定に保つような建築の技術。長時間にわたる作業を可能にする心地良い椅子。人々の夜間の活動時間を拡大する照明の技術。水道やガスなどのインフラとなる技術である。こういった環境側の技術は、場所に依存し、誰でもアクセス可能な公共性を有する場合が多い。

情報技術を身体側にするか環境側にするかは、比較的、設計次第なところがある。これは、情報技術が大きさという空間的な制約を受けないためだ。たとえばテレビはかつて、ほぼ装置＝コンテンツの関係にあったが、コンテンツがデジタル化したことで、スマートフォンで見るかタブレットで見るかパソコンで見るかは自由になった。腕時計サイズということも不可能ではないため身体へも接近できる。そして、それはもちろん環境側にも拡大できる。たとえば大型液晶テレビで壁掛けにするといったことや、オーディオ機器のスピーカーもヘッドフォンではなくスピーカーによって音を聞くといったことがあげられる。情報技術は水やガスと違ってワイヤレスにすることができる。だから空間のどこにだって配置できる。

情報を環境側に実装していくことのメリットは、何も身につけなくてもその恩恵を受けられることである。また空間で共有されるため、複数人でもその恩恵を受けやすい。情報技術は日々小型化し持ち運びやすくなってはいるものの、何かを身につけたり持つことは邪魔であり、行動を抑制する場合がある。また、そもそも私たちの身体は物質的であり、ある空間の中で生きる存在であり、持続的で安定した環境を利用しながらうまく生きている状態にある。それ以外にも、耐久性という点から見ても環境側に置く設計のほうが耐用年数を上げられる。そのため、安定したサービスを提供するうえでは環境側からのアプローチのほうが有効である。

したがって、情報技術は小型化し身に付けられるようになったからと言って、単にウェアラブルになるというわけではなく、環境的存在としての情報技術も意義のあることなのだ。ただしここで重要なことは、「人間の知覚や行為にとってどのように環境に配置されるか」である。

こういった観点で、2000年初頭に話題になったキーワード「ユビキタスコンピューティング」がある。実はこのユビキタスも、道具の透明性と同じように「意識しない」ようなコンピュータのあり方、つまり「環境の透明性」を目指したものだった。

ユビキタスコンピューティング

「ユビキタスコンピューティング」は、コンピュータのパワーを使いながらも「人間はそれをまったく意識しないでその恩恵を受ける世界」を想像した技術の考え方である。2000年頃からよく聞かれるキーワードとなっていたが、この時は言葉だけが普及し、単純に生活の中にコンピュータが「遍在する」という程度にしか理解されなかった。しかしユビキタスコンピューティングとは、現象学、認知科学、心理学、哲学を通じた、人と道具の関係性を分析した帰結である。ユビキタスコンピューティング論文では、人がコンピュータを意識しなくなる世界を作るにはどうすべきかが論じられている。一部を引用しよう。

> 有線と無線でつながれた数百台ものコンピュータは、私たちがその存在を意識しないような形で生活の中にとけ込んでいく。
>
> 最も完全な技術とは、表面に出てこない技術である。日常生活という織物の中に完全に織り込まれてしまっていて、個々の技術自体が私たちの目に見えなくなっているものだ。確かに五〇〇〇万台以上のパソコンがすでに販売されてはいるが、コンピュータはそれだけで単独の世

界を構成しているにすぎない。

こうしたコンピュータの「消滅」は、技術的発展の帰結ではなく、人間の心理的な帰結によるものである。あることを十分に理解すると、人間はそのものを意識しなくなる。たとえば街角の標識を見たとき、情報を読んでいると意識せずに情報を取得するだろう。(…中略…)Herbert A. Simonはこの現象を「熟達」と呼び、また哲学者のMichael Polanyiは「暗黙の次元」と呼んだ。心理学者のJ. J. Gibsonは「視覚的不変項」と呼び、哲学者のHans-Georg Gadamerは「地平」、またMartin Heideggerは「熟練」と称している。PARCのJohn Seely Brownは「周辺」と呼ぶ。これらすべてに共通なのは、それを意識せず使うことができ、当面する目標に集中できることである。

(M. Weiser,"The Computer for the 21st Century", Scientific American, Sep 1991)

このように、人間の認知や学習メカニズムから技術としてのコンピュータのあり方を模索していることがはっきりとわかる。これこそがユビキタスコンピューティングの思想の本質である。コンピュータの小型化やワイヤレスネットワークの技術の話だと思ってしまっていたら、それは誤解だ。コンピュータの小型化とワイヤレスネットワークによってもたらされる人々の生活のビジョンを示したものであり、つまりHCIの議論なのである。

そして現在、ユビキタスコンピューティングはハードウェア的には当時描かれていた状況にかなり近づいてきている。さまざまなコンピュータは無線ネットワークによって相互に接続され、パソコンだけではなく家電へまで広がっている。一方で、まだ私たちはパソコンやスマートフォンというデバイスに向かって操作するというレベルであり、コンピュータ自体を意識しない世界になったと見るにはまだ少し遠いと言えるだろう。

コンピュータを意識しない世界というのは、よくメガネやモーターがたとえとしてあげられる。メガネは人間の視力を強化するテクノロジーであるが、メガネをかけている時に私たちはそれをほぼ意識せずその恩恵を受けることができている。モーターはかつてはそれ自体が特別な技術であったわけだが、DVDプレイヤー、ハードディスク、自動ドアの中に組み込まれ、私たちはモーターを使っているという意識なしにその恩恵を受けることができている。

行為に相即するデザイン

機能やテクノロジーを人々に意識させない方法論を取るデザイナーがいる。プロダクトデザイナー、深澤直人氏である。深澤氏のデザインの特徴をシンプルに言い表すと、「人の無意識に注目したデザイン」である。人がモノや環境と接するときに「無意識に接している行為がある」ことに着目し、そこからデザインを起こすのだ。

深澤氏のもっとも有名なデザインのひとつに、傘立てのデザインがある。たとえばあなたは、「傘立てをデザインしてください」と言われたらどうするだろうか。きっと上部に複数の四角い枠がある箱のようなものをまず思い浮かべるのではないだろうか。しかし深澤氏は違う。玄関の壁のすぐ近くの床に直線的な溝を引き、そこに傘の先端を引っかけ壁に立てかけるという発想をするのだ。いったいこの発想はどこから来るのだろうか。

それは、玄関でふと傘を壁に立て掛けている場面である。玄関床のタイルの溝に傘の先端を引っかけて、壁に立て掛ける。つまり、もうこれで「傘が立っている（傘立てになっている）じゃないか」という考え方である。この傘を立て掛けた人は、ふと傘を立てられる場所を探した結果であって、別に特別なことをしたわけではない。しかし深澤氏はこの無意識とも言える結果に注目し、こういった「よくやる」ことには無意識ながら人間が環境から価値を汲み取っており、それがデザインのヒントになると発想するのだ。こう発想することで、いわゆる「傘立て」という置物、その物質の発想から逃れることができ、人間の自然な行為にとって合理的な傘立てへと到達できるのである。

深澤氏はプロダクトデザイナーでありながらも、インターフェイスデザインを非常に意識していることがいくつかの書籍や資料から伺える。

タイルの目じりを使って立て掛けられた傘

デザインを経験してから購入するのは難しい．経験価値はリアルな日々の生活のなかでしか受用できない．だからデザイナーは，モノが生活にどう辿り着き，どう生きていくかを予知できなければならない．経験価値とはデザインによって人間が知らなかったことを体験させるのではなく，知っていたことを気付かせることである．

インターフェイスという薄っぺらな流行語が蔓延する前からデザインはインターフェイスだった．身体全部でその価値を受け取っていた．自分が環境の一部を成しているという意識こそが，その環境に新たに投じられたデザインの波動を感じる力になる．

人間の思い込みを知って自己の思い込みを知り，生活のリアリティーを観ることからはじまり，環境に内包する無限の現象をデザインの価値に変換することによってモノをつくり出す体験を試みる．モノとはコトでもある．大切な理解はそのモノもコトも生活の中のほんのわずかな部分であるという自覚である．

（「行為と相即するデザイン」、ICC ONLINE｜アーカイヴ｜2002年｜第8期NewSchool）

さらに深澤氏は、『メディア環境論』という書籍にて「プロダクトからインターフェイスデザインへ」という考察を掲載しており、コンピュータなどのエレクトロニクスの用語として「インターフェイス」の概念が説明されることが多いことに対して、プロダクトそのものが人にとってのインターフェイス

になっていることを論じている。※2

深澤氏についてここで紹介するのは、彼のデザインがユビキタスコンピューティングの思想と同様に、「人にとっての環境の透明性」の実現のヒントになるからである。深澤氏のプロダクトデザインの仕方は極めて知覚的かつ情報的であり、物質的ではない。行為や意識に対応する設計である。

実はこの共通点となる学問分野がある。それは「生態心理学」だ。

アフォーダンス——身体と環境の透明な接続

インターフェイスデザインについて学んでいれば、ほぼ確実に「アフォーダンス」という言葉に出会う。アフォーダンスは、アメリカの知覚心理学者J. J. ギブソンによって構築された生態心理学の中で紹介される重要なキーワードである。使いやすさやインターフェイスのデザインへの問題を認知的視点から提起したアメリカの心理学者、D. A. ノーマンの著書『誰のためのデザイン?』によって広く知られるようになった。

アフォーダンスとは、「環境にある行為の可能性」を示す言葉である。一般的に、人間の「あることができる」という能力は、自分自身が持つ力だと思ってしまいがちだろう。しかしアフォーダンスの考え方は、さまざまな行為が可能であること（能力）とは、自身に内在する力だけでなく、環境があって初めて可能になり、人間を含む動物の知性を記述するうえでは、主体となる動物だけで語ることができず、環境と切り離せないというものだ。

アフォーダンスがデザインの世界で知られるようになったのは、先述のとおりノーマンの紹介によるところが大きい。ノーマンは道具の使いやすさの文脈で説明するために、たとえば道具にラベルを貼り、言語によって説明することは直感性が低く良くないデザインであるとした。そこで、人間が無意識的にある行為へ向かうようにデザインすることが大切であるとし、それを道具や環境のアフォーダンスとして説明した。

しかしこの説明は、アフォーダンスが行為を誘導するような発想に捉えられてしまい、アフォーダンスはそういう行為の誘発を起こすための用語ではないという批判もあった。そのためノーマンは後の書籍でギブソンのアフォーダンスとは別であると説明し、その誤解も有名となった（のちにノーマンは、自身のアフォーダンスの解釈を「シグニファイヤ」として説明している[※3]）。

さて、ここで重要なのはギブソンの本来のアフォーダンスである。ギブソンの生態心理学は、アフォーダンスをはじめ、インターフェイスの根本を考えるうえで示唆に富む分野であり、デザインや建築の領域でもよく参照されている。深澤氏自身もアフォーダンスについて言及し、その考え方を独自の視点で賞賛している。

アーティスト、デザイナー、ミュージシャン、書道家、ダンサー、華道家、それらの名はその表現媒体によってカテゴリー化されている。しかしそのものをなしている感受性を、環境の中にある法則として定義したのが「アフォーダンス」なのである。つまりアフォーダンスは人間が知っているのに気づいてない、あるいは知っていたはずのことを知らなかったという事実を暴露したのだ。その未知の中の既知が見出せるのがアーティストにとっての特権であったし、特殊な才能でもあった。彼らには特殊な才能が備わっていて、見えているものは秘密だった。また、そのセンサーがどのようにそれを感受したかという機能をアーティスト自身は解明できなかった。また、そうしたいとも思わなかったかもしれない。アフォーダンスの研究、いやギブソンの興味はその既知をアートとして表現するのではなく人間と環境の関係性を機能として解明し、実証する方向に向いたのではないかと思えてならない。アートと心理学の研究への興味のもともとの起点は同じだったのかもしれない。通常見出せないリアリティが見えたのかもしれない。

(『デザインの生態学―新しいデザインの教科書』、後藤武・佐々木正人・深澤直人 著、2004、東京書籍)

深澤氏も述べているように、アフォーダンスの発想はアーティストの発想にもつながっており、実際ギブソンの考え方に影響を受けているダンサーや写真家なども多い。
このように、さまざまな領域から参照されるギブソンの生態心理学、そしてアフォーダンスとは、一体どういう考え方の心理学なのか。

ギブソンの生態心理学とインタラクション

ギブソンの生態心理学は、アフォーダンスという言葉を作るくらい元来の心理学とは違うものだ。たとえば環境を「サーフェイス」「ミディアム」「テクスチャ」の3つに分類したり、「不変項」「直接知覚」といった新しい定義を作りながら、人間の知覚について説明する学問である。

生態心理学が他の心理学と大きく違うのは、他の心理学では脳や心を前提にするが、生態心理学ではそうせずに脳や心は保留にされ、そのうえで人間の知性の仕組みを説明している点である。つまり、「人間の知性は脳や心で説明しなくても、人－環境をシステムとして捉えていけば、知性の性質のかなりの部分が説明できそうである」というふうに考える。実はこのアプローチが、インターフェイスの設計やものづくり全般に都合が良いのだ。

一般的な心理学の場合、人間の感覚は主に外部からの「刺激」として入力され、脳で結合され、人が「イメージ」を持つ、という主張となる。たとえば、赤いリンゴであれば「形」「色」「におい」のような刺激があり、それを脳で統合し、リンゴを理解する、というようなことだ。だから、脳や心を分析し理解することが、さまざまな答えを導いてくれると仮定している。

ただしそうなると、体験はすべて刺激だという発想になり、人間から発想するものづくりと言っても、脳や心をブラックボックスとして、測定を通じた評価によるものづくりの発想になってしまうだろう。こういった、「刺激から心」というモデルを立てて推論するモデルを、ギブソンは「間接知覚論」と呼ぶ。間接知覚は認知心理学や人工知能とともにある認知科学の考え方であり、人間をコンピュータのような入出力から構成される情報処理モデルとして捉えるものだ。

一方で、ギブソン自身は「直接知覚論」を展開する。環境は「情報」が構造化されているものであると捉え、そういった環境の中で人間が知覚・行為することで、意味や価値が立ち上がってくると考える。環境と人間はひとつのシステムとして成立し、知覚と行為によって環境と人間が接続されているように捉えるのだ。したがって、環境と知覚、身体、行為は切り離せず、よってギブソン的には「知覚対象と思っている環境」を客観的に見るということはできず、すなわち主観と客観の切り分けも難しいという主張になる。

よく「身体性がない」という話があるが、身体性の欠落はまさにこの「能力や知性が脳にある」とする偏重的な考え方に起因する。その偏重をちょっと緩めれば、急に人間の「周辺や環境」が見えてくるのだ。

私たち人間（動物）は環境に対して「能動的に受動的」であり、つまり環境を積極的に利用してなんとか生きている。なぜなら数万年かけて地球の環境が私たちの知覚の仕組みや身体を作り出したからであり、環境を利用するように、利用しやすいように、知覚や身体は設計されているのである。私たち人や動物は、この「環境を積極的に利用する知覚身体」のメカニズムから1秒たりとも逃れることは不可能なのだ。今この本を読んでいる文字から目を少し離して自分の身体がどのように環境と関わっているか見てほしい。環境がどこかで途切れているだろうか？　あなたはまぎれもなく環境の中にいるし、知覚や身体は環境を能動的とか受動的とか考えずに利用しているし、利用されてもいる。この状態に気づくべきである。

しかし私たちは、まだその「環境を積極的に利用する知覚身体としての人間」のメカニズムをあまり知らない。これを読み解き設計することが、私たち人間の知性の強化や、より質の高い「人間」へと誘う。知覚や身体の環境とのインタラクションメカニズムを理解し、設計を行えば、より新しい価値や環境に対するパースペクティブを得られるだろう。

その意味で、人はもっと人になる。人はソフトウェアのように柔軟で、環境とのインタラクションによって知性を獲得する仕組みで作られている。脳が知性の本質のように考えがちだが、道具をサルに使わせた実験で有名な脳科学者の入来篤史氏は、『道具を使うサル』の中で「大きな脳を持った人間が新しい生活方法を見出したというよりは、むしろ道具の使用、地上生活、狩猟生活が人間の脳を大きくさせた」と述べている。[※4] つまり、人間の知性にとって脳は身体における機能の何らかの役割はしてはいるが、それが原因というよりは、環境とのインタラクションの結果であり、知性の所在はインタラクションにあるのではないか、ということがうかがい知れるのだ。

人や動物を包む環境の存在を、知覚が作り出した幻想や仮想、あるいは脳内現象として捉えず、人―環境システムとして捉え、そのメカニズムを知性として考える。人と環境は分離されておらず、知覚と行為によって密接に接続していると捉え、行為が環境の価値をリアルタイムに引き出し、そこに人や動物が「可能」を知覚し、次の行為へつながる。さらにその人と環境の間に、行為だけでなく、行為を拡張する道具が介入すれば、別の次元の「可能」を知覚し、また行為へつながる。良い道具は、特にこの可能の知覚が優れている。そして、環境と接続する知覚と行為は途切れることなく循環している。それが、「体験」の正体であると思う。この一連のプロセスの理解が、「インタラクション設計」の本質的な部分だ。

このような話は、たとえばスマートフォンの画面のデザインとはだいぶ印象が違うように思えるだろう。実際、その設計視点よりは広い。ただし、こうした環境とのインタラクションと、スマートフォンの画面設計におけるインタラクションは連続的であり、同じ設計論が通用すると筆者は考えるし、そうあるべきだと思っている。このモデルをスマートフォンなどのインタラクティブシステムに適用することで、物理的な道具でなくとも、情報技術を利用して人の新しい知覚や行為を作り出し、物理的な対象以外にもそこに「新しい可能」を知覚させることができるはずだ。そして、そこに身体の拡張を知覚するはずだ。

インタラクションやインターフェイスの設計をしていると、機器と人がやりとりしている最中に発生している「体験」があることに気づく。この状態がどういう原理で働くのかの疑問に、ギブソンの生態心理学は多くのヒントを与えてくれる。そして裏を返せば、ギブソンの生態心理学の展開は、人の行為を作り出すインターフェイスのデザイン、インタラクションの重要性を論じているということでもあるのだ。

インターフェイスデザインの役割——「可能」のデザイン

ここまで、道具の透明性と環境の透明性という2つの観点を見てきた。道具的存在、事物的存在、ユビキタスコンピューティング、深澤直人氏、生態心理学、アフォーダンスなど、これらは人間にとってのテクノロジーとデザインを考えるための下地となるキーワードである。では、インターフェイスをデザインするとはどういうことなのか。

テクノロジーは当然、「可能の議論」だ。しかしグラフィックデザインなどのいわゆるデザインにおいては、必ずしも可能の議論は中心ではない。インターフェイスのデザインについては、少し違う。インターフェイスのデザインは、それ自体にテクノロジー性を備えているのである。なぜならインターフェイスの設計は、他のジャンルのデザインに比べて行為に直接的であり、「行為の可能」を設計する部分だからである。インターフェイスデザインは、「知覚と行為のデザイン」であり、私たち人にとっての「可能」のデザインである。このデザインとは、さまざまな優れたテクノロジーを理解し、人へ表現し、行為を受容する部分である。

「できる」の主語を製品から人にする

テクノロジーはテクノロジーとして進化が止まることはない。テクノロジーの可能と、「人の可能」はレイヤが異なる。テクノロジーが可能だからといって、人がやるとは限らない。「できる」と「やる」は違う。

「できる」と「やる」の違いについて話すとき、筆者はあるデジカメのパノラマ撮影機能の話をよくする。2006年頃だったろうか。あるデジカメを購入し、パノラマ写真の機能があるということでそれを使おうとした。するとそのパノラマ写真の機能は、PCに写真を転送した後に専用ソフトウェアをインストールして合成して初めて実現するということであった。結局筆者はその機能をほとんど使うことがなかった。一方、2012年くらいになると、一部のデジタルカメラやiPhoneにも撮影時にカメラを左右に動かすことでほぼリアルタイムに写真を合成する機能が搭載された。これは今でも筆者は使っている。このように、どちらも「パノラマ写真がつくれる」という同じ「できる」を提供していたわけだが、前者は「やるに至らない」のだ。つまり、できるの主語は製品（技術）であって、人ではないということだ。

特に新しい技術は、人々がこれまでやったこともないようなことを可能にすることが多い。しかし、それを使うことの手続きが多少でも面倒であったりすると、人は良い技術であっても使うに至らないことがあるのだ。そのため、新しく面白い技術を使うのは、技術自体にもともと興味のあるユーザーか、その技術がどうしても必要な関心の強いレイヤのユーザー層のみだ。だから、そういったモチベーションの高いユーザー以外でも、「やれそうだ」「やりたい」と思えるような「可能」を提示していくことが大切なのだ。コンピュータの場合、メタファはそこで有効だったとも言える。

「やる」価値の発見のための方法論

さまざまな技術的な「可能」が生まれる中で、近年のアプローチとしては、観察によって、ある人が普段何気なくやっている行為の中からその人の「価値」を抽出する方法が注目されている。この方法は、「やっていたけれど、当人にとっては個別的で暗黙的で、当人もその活動の価値に気づいていない」ことを観察によって見つけ出し、それをデザインの根拠にするというものだ。

だからエスノグラフィのような、現場に入り込んで人々の暗黙的な「やっていること」を観察することで価値を見出すようなアプローチが実際に取り入れられている。深澤直人氏やIDEOの「考えなしの行動」もこの流れであるし、「イノベーションはユーザーから始まる」という研究——ユーザーイノベーションの考え方もまた、人々が暗黙的にやっていることへの注目にほかならない。

インターフェイスデザインは、テクノロジーの自由度が増すほど、低レイヤでは人の知覚と行為から、中レイヤではモノの利用されるコンテクストと人の活動から、高レイヤではニーズそして経済合理性から設計されるようになる。これは今、私たちが手にし、設計しているテクノロジーは、メタメディアであるためだ。それゆえに、インターフェイスデザインはテクノロジーだけから設計されるのではなく、活動から設計されなければならないのである。

コンピュータの可能と人間の可能のバランスをどう取るか

20世紀の技術は比較的わかりやすいものだった。自動車や洗濯機など、人々がこれまで「移動」したり、「手で衣服を洗う」という経験してきたことを、効率良く代行するテクノロジーだったからだ。つまり人々がこれまで「やってきたこと（しかも肉体的苦労が伴って）」だけに、その代行となれば価値も理解されやすい。

しかし問題はこれからだ。技術の対象は肉体労働から知的創造も含まれるようになり、安易に「代行」という話では済まされない。人々にとって知的創造は楽しみでもあるからだ。代行されてしまっては楽しみを奪われるということにもなる。だから、そこへどう情報技術が入り込むかは極めて難しい問題になるのだ。知的創造、あるいは知的増幅を考えると、人間がどの部分をやってコンピュータはどの部分をやるのかの役割分担は、インターフェイスやインタラクションデザインにとって大きな課題だ。

なお、純粋な人工知能の分野では、知的創造も含めて「すべて代行してしまおう、代行してしまえるのではないか」という発想もある。ここでは詳細は省くが、コンピュータの自動性、自律性と人がどう付き合うのかということは課題であると同時に、この設計こそインターフェイスやインタラクション研究者、あるいはデザイナーの重要な使命でもあるのだ。

本書が目指すのは、個人の能力拡張とそのデザインである。次章から詳しく述べていくが、自己感や自己拡張の話になる。代行され、人は何もしなくていい未来ではなく、個人の「する」を強化し、体験の拡張を目指すことである。

身体拡張とインターフェイス

本書は、インターフェイスデザイン、インタラクションデザイン、あるいは体験のデザインのための本だ。本書の特徴は、低レイヤの人間の知覚行為の現象レベルからインターフェイスの設計を考察することにある。

インターフェイスは人とモノ／技術の接点であり、利用者にとってはインターフェイスだけが知覚され、行為はそこで起きる。技術によって人が拡張されたとしても、拡張されたうえで新しいインターフェイスが現れ、そこでまた知覚行為が生まれる。インターフェイスがなくなることはない。境界の場所が変わるだけである。モノや道具の利用は自己帰属をもたらし、インターフェイスの場所が変わる。ペンを持てば、ペン先までが身体になり、ペン先と紙で知覚行為＝インタラクションが発生する。車を運転すれば、車全体が身体となり、車と外界で知覚行為が発生する。

そして、知覚と行為＝インタラクションが生まれるところで体験は生まれる。自己へ帰属した新しい道具が世界の知覚を拡大し、そこに新しい「可能」を体験する。これが身体拡張の原理である。インターフェイス、インタラクション、ユーザーエクスペリエンスというキーワードは、深い部分ではこのようにしてつながっている。

次章からは自己帰属感の原理を説明し、情報がいかに身体化されるか、あるいは拡張されるかを具体的な事例を用いて読み解き、情報技術による体験設計の原理に迫りたいと思う。

※1　『コンピュータと認知を理解する』、テリー・ウィノグラード、フェルナンド・フローレス 著、平賀 譲 翻訳、1989、産業図書

※2　『メディア環境論』、若林直樹 監修、2004、武蔵野美術大学出版局

※3　『複雑さと共に暮らす―デザインの挑戦』ドナルド・ノーマン 著、伊賀聡一郎、岡本明、安村通晃 翻訳、2011、新曜社

※4　『〈神経心理学コレクション〉Homo faber道具を使うサル』、入来 篤史 著、2004、医学書院

3

第３章

情報の身体化——透明性から自己帰属感へ

道具の透明性

前章にて、道具には、それを意識しないで利用でき、身体の一部になるかのような状態、すなわち「透明性」があることを述べた。そして複雑になった機械やコンピュータのインターフェイスにおいても、そのような透明性がひとつの目標であることを述べた。ここからは、筆者がこれまで試作してきたものを紹介しつつ、その制作における思考の軌跡を辿りながら、道具はどのようにしたら「透明」になるのかについて考えていく。

カーソルから考える透明性

1964年、ダグラス・エンゲルバートがコンピュータのインターフェイスとして「マウス」を発明し、それにより、画面を縦横自由に行き来する「カーソル」というグラフィックスが登場した。カーソルの登場によってGUIの「直接操作」が実現され、オブジェクトを「直接」操作しているかのような感じを与えられるようになった。この直接操作は、実世界と同様の即応的なフィードバックがあり、何をしているかが明瞭でわかりやすいことが特徴だ。

手の動きに連動して動くマウスとカーソルによるコンピュータの操作は、キーボードだけによる操作に比べればはるかに直感的で、反応もリアルタイムで楽しい。2015年現在でも、家電量販店に行けば多数のマウスが売られているし、ゲームに専用化したゲーミングマウスというものまで登場するほど普及している。マウスは今でこそ安価に売られているが、コンピュータの操作にとってひとつのイノベーションであった。このような今では当たり前のマウスと、GUIの中では地味な存在である小さい矢印のアイコンカーソルが、実はコンピュータにおける道具の透明性を考えるうえでちょうどいい題材なのだ。

手とカーソル

ギブソンの『生態学的視覚論』の中に、次のような記述がある。

手を伸ばして取ることは、接触するまで腕の形を伸ばして5本の突起のある手の形を縮小することである。対象が手の大きさならば掴める。大き過ぎたり小さすぎたりすると掴めない。子供は、把握との関係で大きさを視ることを学習する。つまり彼らは、自分たちの手のひらの幅とボールの直径を同時に見る。1インチ、2インチ、3インチの区別ができるよりずっと前に、向き合っている指ではさむ格好の動作に対象が合っていることを見てとれる。子供は、大きさ

について の自分の尺度を、物差しによってではなく自分の身体と比例したものとして学習する。

(『生態学的視覚論―ヒトの知覚世界を探る』、古崎敬 翻訳、1986、サイエンス社)

この一節に、筆者は衝撃を受けた。

私たちはボールを掴むときに、「私の手がボールを掴む」などとは表現せず、「私」は消えている。なぜなら「私が掴む」のだから。しかしギブソンの指摘は、この当たり前である「自分たちの手とボールを同時に見る」という表現をする。

これは確かである。しかしこの表現は、まるで自分の手もボールも客観的に同じ「対象」として対等に扱っているように思えた。なにより私自身がいつも行っている活動、つまり「冷蔵庫のドアを開けて、ペットボトルを取り出し、コップを取り出し、コップにペットボトルからお茶を注ぐ」という活動を記述しても、「私の手」はどこにも現れないのに、でもその活動のほとんどの状態に、「自分の手も」見ているということに衝撃を受けるのだ。すなわち、私の行う操作・行為すべてに「手」が登場しているのに、それが意識に上ってきていないが、手を情報として利用しているのである。

さらに、そんな行為ごとに自分の手を見ていると、手はさまざまなモノとの関係でそれに対応するにように多様に変形することに気づく。たとえばドアノブのときの手、照明スイッチを押すときの手、コップを持つときの手。そんな多様な手がある。そして筆者は、ここに「デザイン」があると考える

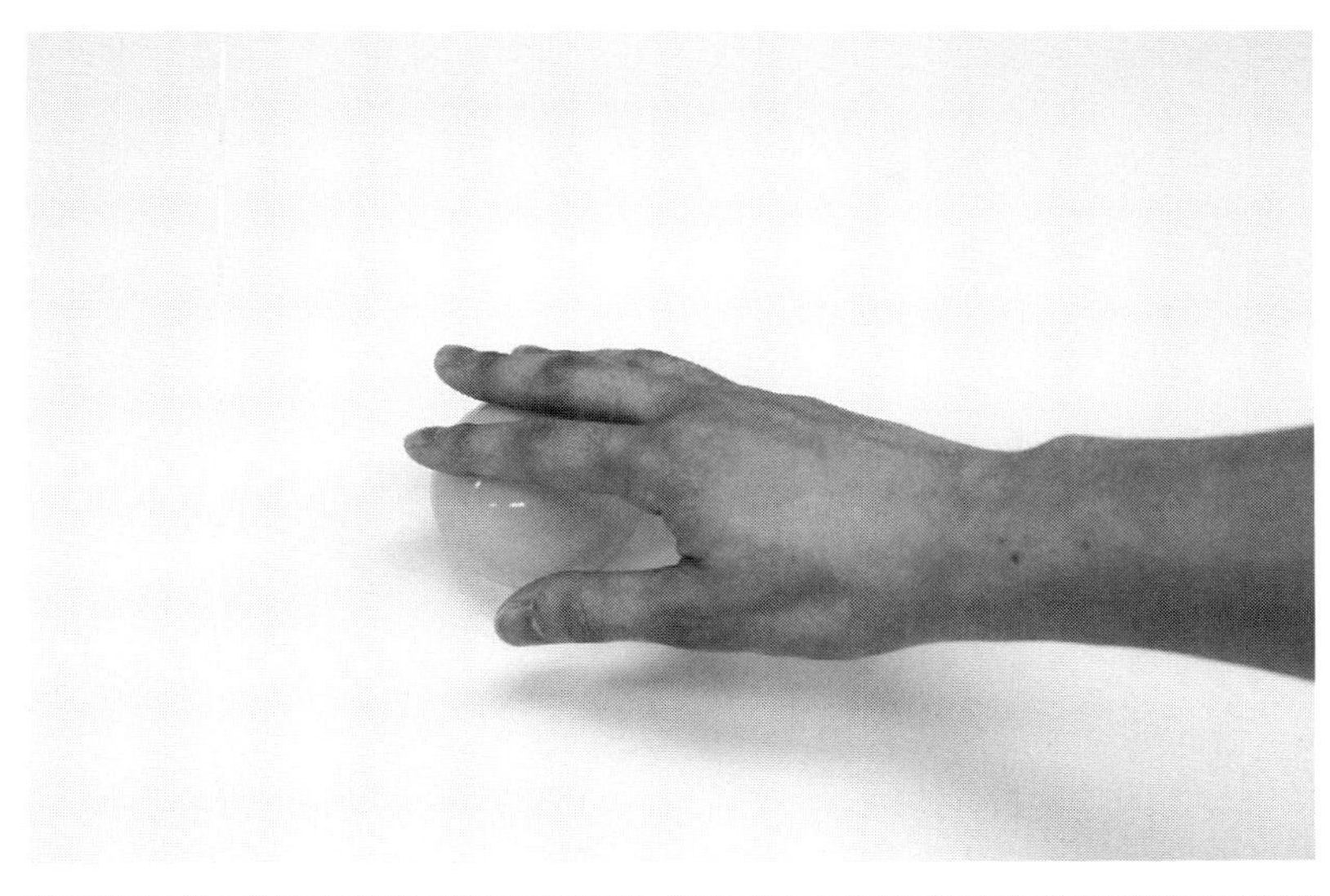

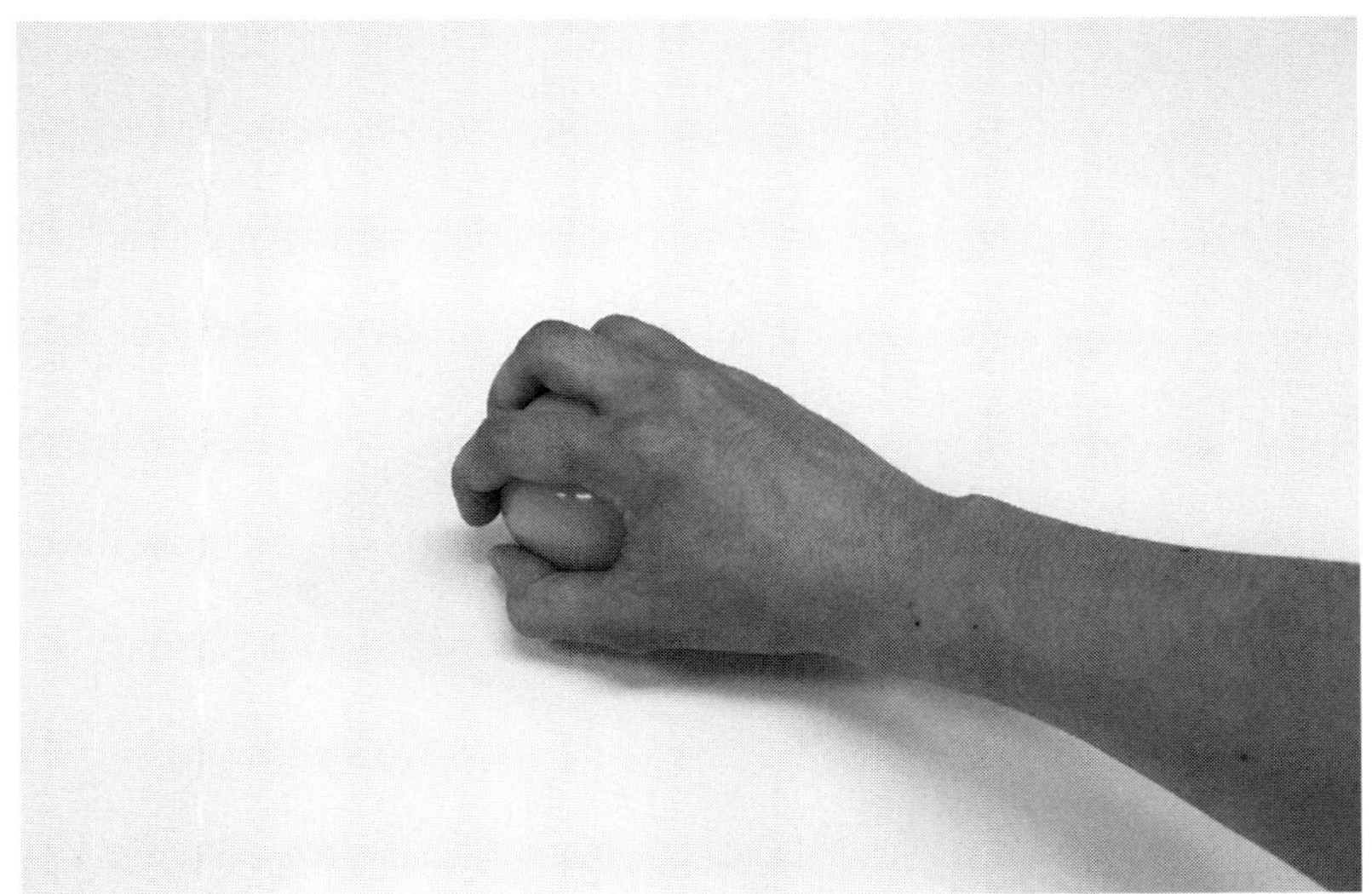

ボールを掴むとき、自分の手も視野に入る。そして手は対象に合わせて変形する

のだ。安定した「掴む」「押す」などの実現には、モノと手が同時にデザインされており、デザインとはそういうものなのではないかと気づいたのだった。そしてギブソンの言うアフォーダンス、環境の行為の可能性ということは、こういうことなのではないかと考えたのだった。

ギブソンは、さらに同じ節の最後でこう結ぶ。

手は解発されるものでも指令されるものでもなく、「制御される」ものだと考えるべきである。
(『生態学的視覚論―ヒトの知覚世界を探る』、古崎敬 翻訳、1986、サイエンス社)

これはなかなか興味深く衝撃的なメッセージである。しかし、ある行為の実行において、モノと手が相補的にデザインされるのであれば、この「制御される」という表現はあながち間違ってないのかもしれないし、この発想をどうにかしてインターフェイスのデザインに導入したいとも思った。

そして筆者は、このことはコンピュータにおけるカーソルにも当てはまるという考えに行き着く。実世界では「手」がモノを掴むときの手がかりになったりしているとしたら、コンピュータではどうか？　あるいは対象と手の変形の対応のように、カーソルとカーソルが触れる対象の関係はどうなっているか？　カーソルも対象に合わせてデザインされているのか？　そんなことを考えたのだ。そうして生まれたのが「VisualHaptics」である。

VisualHaptics

筆者はギブソンの生態心理学の影響を受け、2002年に「VisualHaptics」というシステムを開発した。VisualHapticsとは、カーソルの動きを遅延させたり形を変形させたりすることで、カーソルからも対象の状態を表現する仕組みである。これによって、対象を触れているかのような「感触」の提示を可能にしたのだ。

発想はまさに、ギブソンの「手と対象を同時に見ること」の話である。実世界で手が重要だとするならば、GUIにおける「手」となるカーソルは同様に重要であり、人はカーソルと対象を同時に見ることで、GUIの中での「可能」を探っているはずだ。その人間の知覚原理を利用するならば、カーソルをデザインすることの意味は大きいのではないかと考えた。

現在のGUIにも、カーソルは特定の状況で変化する「カーソルヒンティング」と呼ばれる機能がある。これは、たとえばウインドウの縁にカーソルを持って行くと左右の矢印になり、そこでウインドウを引き伸ばせるという情報を与えてくれるような機能だ。またウェブブラウザでは、リンクの場所でカーソルが指の形に変わり、そこがクリック可能であることを教えてくれる。これらはかなり記号的な表現ではあるが、カーソルと対象が同時にデザインされており、そこでの「可能」を露わにするものだ。

カーソルヒンティングは強力な手法だが、実はそんなに多く使われていないし、おそらく「手と対象を同時に見ること」の意味から設計されているわけでもないようである。そこで筆者は、さらにカーソルの表現について考えを進めた。たとえば、日常生活で扉を押すときは指で押さずに手のひらで押すし、大きいボタンだったら指ではなく手のひらで押すかもしれない。こんなふうに考えていくと、GUIでも手のひらで押す場合と指で押す場合のデザインがあるのではないかと考えるようになった。GUI上に大きいボタンがあるとすれば、そのときカーソルはそれに対応するようにデザインされるべきである。たとえば、大きいボタンではカーソルも大きくなるべきではないか？　ボタンに影をつけて「押せる」こと表現するだけでは不十分で、影をつけたボタンの上にカーソルを移動させたら、その分カーソルを上に移動させる、つまり大きく表現することで、「押せる」という可能をカーソルと対象との関係から設計するべきではないか？

GUIではメタファが採用されているが、実はそのメタファが人間の指を前提にデザインしてしまっている場合がある。たとえば、スキュアモーフィズムによって現物のテクスチャを使ったような表現を採用する場合があるが、手と対象を同時にデザインする知覚原理を考えれば、タッチパネルではない限り「カーソルにとっての対象」をデザインすべきなのだ。あるいは、カーソルのグラフィックをスキュアモーフィズムで捉え直すことが正統的な方法かもしれない。いずれにしても、「カーソルと

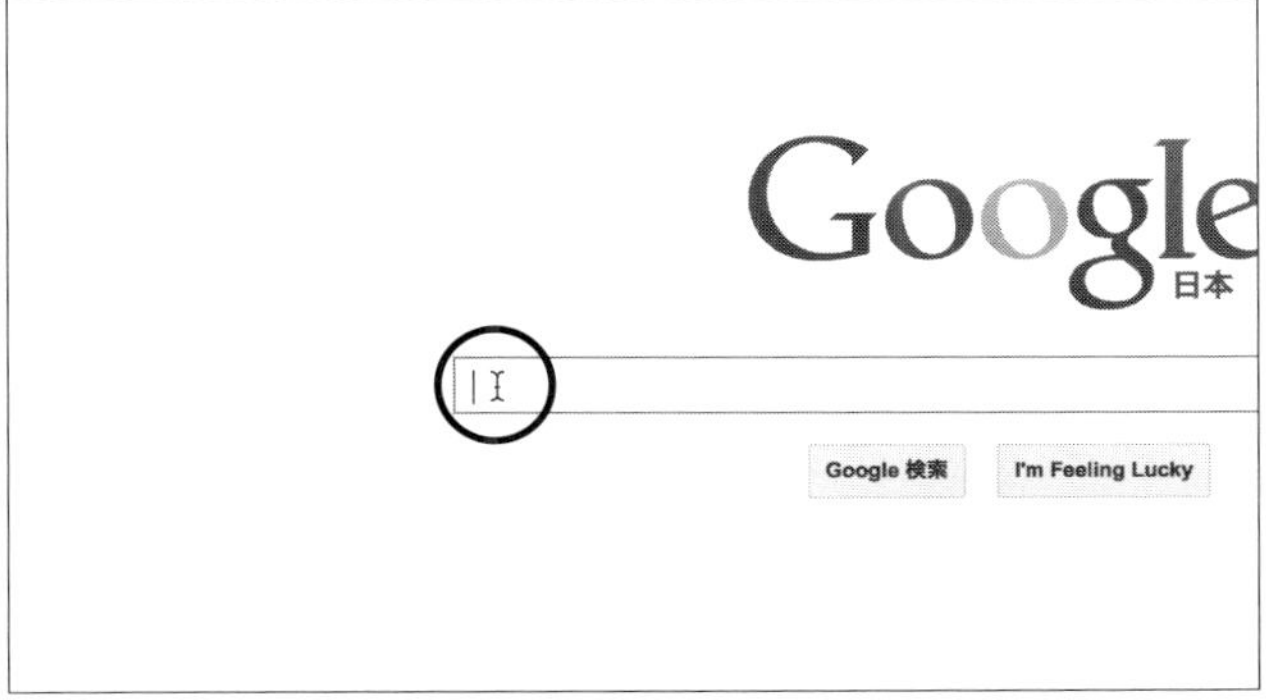

カーソルヒンティングの例

いう身体」と環境（対象）の関係性からデザインされるべきなのだ。

だから、たとえばこんな発想をしたこともあった。ウェブデザインにおいて「カーソルの大きさが、ボタンなどUIコンポーネントの大きさに影響しているのではないか」と。Adobe IllustratorやPhotoshopなどのツールを利用してデザインすることは、カーソルを利用しながらデザインすることとも言える。だとしたら、その制作行為は制作物に影響するはずである。たとえばプロダクトデザインにおいて柳宗理が、人間にとって心地良いものをつくる方法は、人間の「手を使って」設計図なしに試行錯誤のなかで生まれる、というような発想をするように、手またはカーソルが制作物へ与える影響というのは無視できないのではないだろうか。

直感を設計できないか？

コンピュータのGUIではメタファが採用され、類推によって操作のわかりやすさを提供してきた。しかしそれは文化的なメタファであり、違う文化圏で生活している人にとっては必ずしも通用しないことがありえる。しかし、カーソルについてはもう少し人間の知覚の原理に近い部分があり、より幅広い人に共通的なインターフェイスとして利用できる可能性がある。つまり人の「直感」の利用が期待できる。

「直感とは何か?」は難しい問いだが、筆者自身は、生態心理学が展開するアフォーダンスのような、身体と環境のインタラクションによる「環境の価値をうまく引き出す行為」によって生み出される知覚ではないかと考えている。

感触の発生

話はVisualHapticsの本題である感触に移る。カーソルの重要性に気づいた筆者は、カーソルをカーソルヒンティング以上に連続的に変化させて、対象の状態を表現したら、よりリッチな体験が得られるのではないかと考えた。そこで試作したのが、テクスチャの上をなぞったり球体の上をなぞったりする時の「手」としてのカーソルのデザインであった。さらに、そのテクスチャの上を通過する時、マウスから入力される位置と表示される位置にズレ(遅延)を発生させた。

テクスチャの上をなぞると、テクスチャの細かい凸凹に手の制御が少し持っていかれる。球体をなぞると、手は球体に合わせて変形したり、指は自分の見ている方向の手前に移動したりするようになる。ならばカーソルでも対象の特徴を表すことで、面白い表現が可能になるのではないかと考えたのだ。

その試作の結果、想像していた以上に「感触」を感じられることを、身をもって実感できた。対象とカーソルが同時にデザインされることがこんなにも力強い知覚経験を与えてくれることに筆者はとても驚いた。使っているのは「視覚情報」だけである。そういう意味では、テレビを見ることとVisualHapticsの体験はまったく同じはずだ。しかしVisualHapticsは、視覚情報ではとても説明のつかない、かといって「触覚」でもない感覚なのである。

「見ること＋操作すること」に、ある知覚があることを実感した。これが視覚か触覚はともかく、極めて「体験的」であった。そしてここにデザインがあることも認識した。ビデオゲーム『スーパーマリオブラザーズ』のデザイナーでもある宮本茂氏は、ファミコンを「触れる映像を作る」と述べたそうであるが、まさにそれを実感した時でもあった。

VisualHapticsの議論――カーソルは身体?

VisualHapticsのデモの効果は非常に高いものであった。通常のマウスとコンピュータさえあれば、力強い知覚体験が得られるからだ。中にはマウスを手に取り、裏側を見る人までいた。議論は盛り上がった。

そして議論は本質へと向かう。ではなぜ「感触」が発生するのか。筆者自身はギブソンの「手と対象を同時に見ること」のメカニズムから設計を行い、「実世界と同じ知覚メカニズムをGUIにおいても」

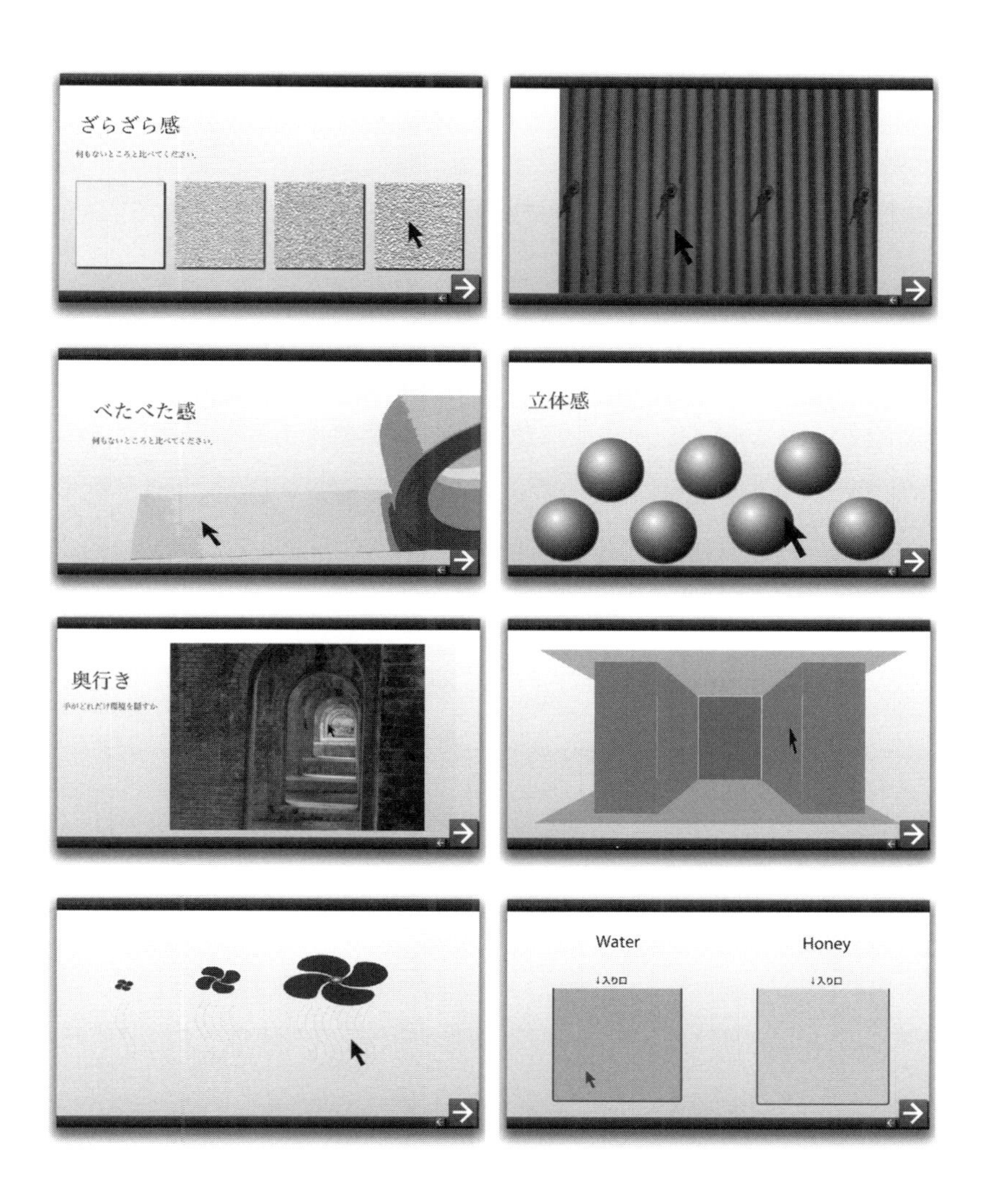

VisualHaptics　http://www.persistent.org/VisualHapticsWeb.html

という思いで試作しただけであったわけだが、この感触がもたらす意味、そして説明は、なかなか難しいものであった。

まずよくした説明は、「知覚と行為のズレがこういった感触をもたらすのである」という言い方だった。その次に、「カーソルは身体の延長になっている。だからその身体の延長である〈自分〉のカーソルにフィードバックを与えると感触が発生するのだ」という言い方をした。しかしカーソルを身体の延長と言うには、生身の身体でもないし、テニスラケットのように物理的に持った延長でもなく、視覚情報での延長である。そこで苦し紛れに、「光学的身体（オプティカルボディ）」という定義を行い説明したこともあった。個人的には「光学的身体」という言い方は響きが良く、気に入ってはいたものの、「身体とは何であるか？」という問いがずっと残ることになった。

味ペン

「身体とは何か？」という問いを抱えながらも、VisualHapticsを幾度もデモンストレーションしている中で、この原理をペンデバイスやタブレットPCでできないかという質問を受けたことがあった。そこで、2007年にVisualHapticsの原理を応用して開発したのが、感触的な書き味を実現するドローイングソフトウェア「味ペン」である。味ペンとは、書道の筆とボールペンでは書くときの書き味が違うように、書いている最中の体験に注目したソフトウェアだ。文字の「味」と言うと、書かれたインク表現を「書き味」と言う人や、そういうインク表現にこだわったソフトウェアは多数あったが、書いている最中の「ペンの感触としての書き味」に着目したソフトウェアはほとんどなかった。

さて、どうやってペンデバイスでVisualHapticsをやるか？　ペンは物理的だし、カーソルは表示されていないため、カーソルの変形による表現はできない。そこで考えついたのが仮想筆先（Virtual Nib）である。仮想筆先とは、物理的なペンタブレットのペンに連続するように、筆先が画面内に描画される仕組みだ。したがって、物理的なペンの部分は、筆で言う柄の部分になる。従来は物理的なペンデバイスは画面に接触した先端から線が書かれることになるが、味ペンではその点から仮想筆先が描画され、仮想筆先の先端から線が描画されるという設計になっている。そして、仮想筆先を変形制御することによって書き味を制御するという仕組みである。

実際の筆とボールペンの違いを考えると、次ページの図のように操作基点と描画基点がずれる。しかも筆の場合は、筆先が毛のため、力の入れ具合によって線の描画位置がずれる。この位置のズレ方が、筆特有の制御にしにくさ、すなわち書き味だとすれば、ソフトウェアでもその感触が実感できるのではないかという戦略であった。実際の動きは、仮想筆先がポインティング位置に追従し、仮想筆先の末端からマウスダウン（マウスの左ボタンを押している状態／タブレットのペンの場合は画面への接地）によって描画が開始される。

やってみると、その戦略通りに操作基点と描画基点のズレによる描画は重み（ねばり）のような感触になることがわかった。さらに試用しながら開発・調整を重ねると、「いつもとは違うペンやマウスの動かし方」をしていることに気づいた。仮想筆先は伸び縮みするために、その特性をうまく「行為側で吸収」しながら、仮想筆先の特徴を活かしながら書くようになるのだ。

また味ペンは、ペンデバイスでなくマウスであっても体験可能だ。慣れ親しんだマウスであっても、これまでのマウス制御方法とはだいぶ異なり、タイミングを見ながらクリックの連打やボタン長押しを交互に行いつつ利用するかたちになる。たとえとして適切かわからないが、新体操でのリボ

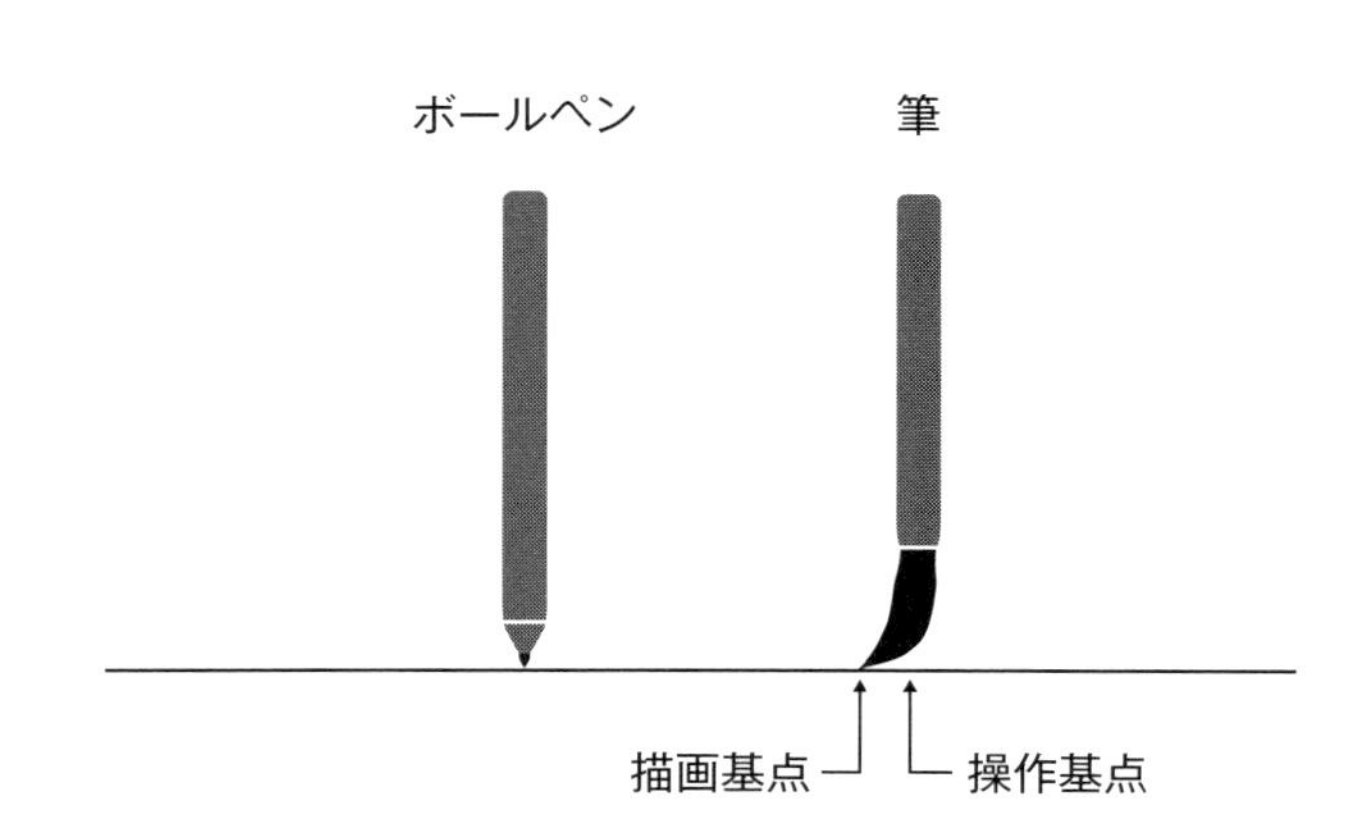

操作基点と描画基点のズレ

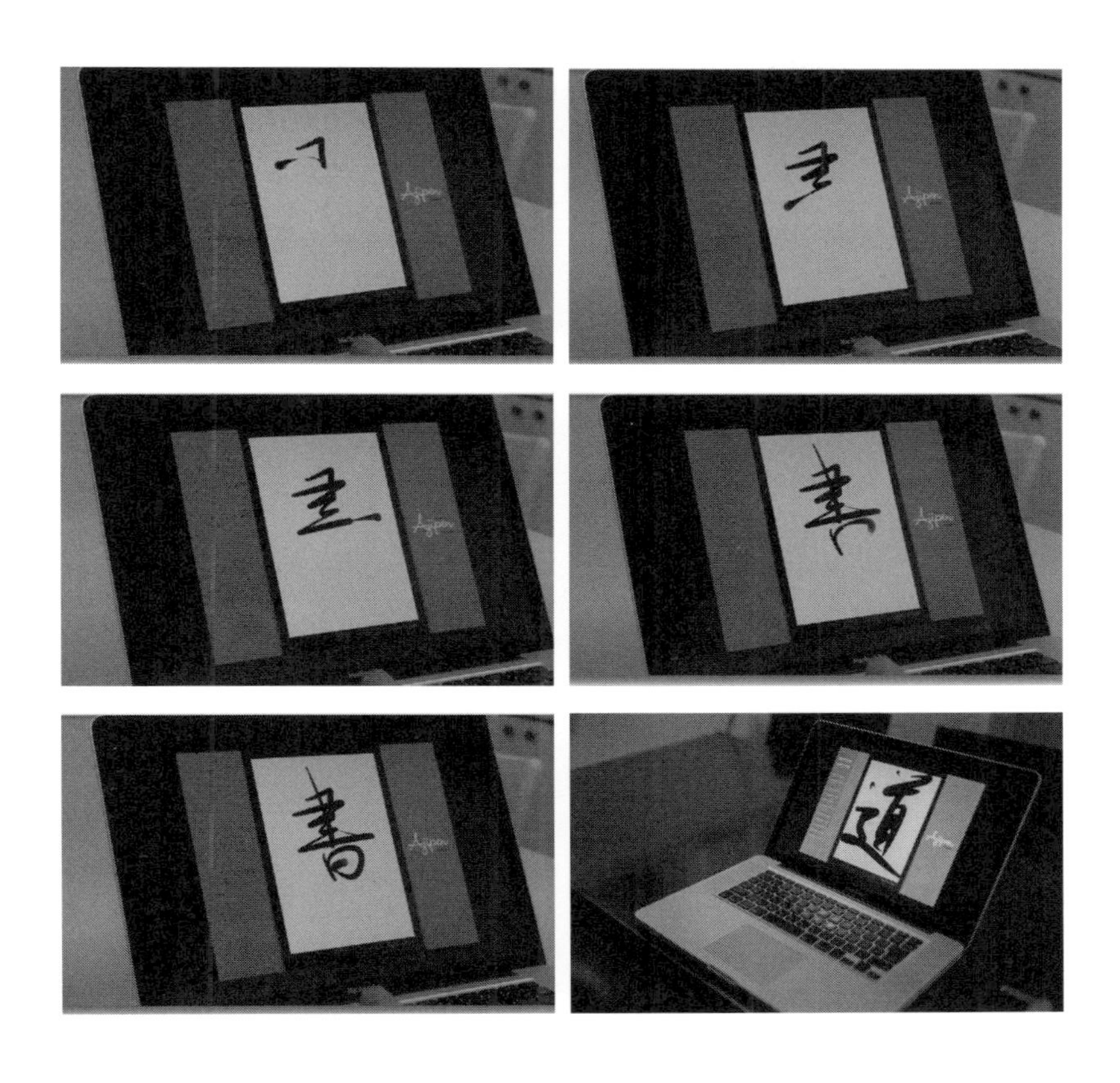

味ペン　http://www.persistent.org/ajipen.html

ンのイメージだ。競技者は、棒の先に7mの長さのリボンを取り付けた道具を利用し表現する。おそらくこのときに、棒だけで演技するのと、7mのリボンを取り付けて演技するのとは、その棒の使いこなし方がまったく変わってくるだろう。

味ペンでも、「手と対象を同時に見る」というギブソンの知覚メカニズムが働いていた。ここではペンデバイスの物理的な先端ではなく、連動して動く仮想筆先までを手として、同時に描画を見る構造である。

この味ペンプロジェクトにより、人がうまく制御しようとする時の、そのシステム特有の制約を「行為が吸収しようとすること」が「体験」をもたらすようにも感じることができた。つまり、手なり足なり、あるいはペンなり、自己の延長となるものと対象を同時に見ることがメカニズムとしてあるので、そこをデザインしてあげることが人の体験に大きな影響を与えているのではないだろうかという気づきが得られた。しかも味ペンでは、それが物理的な棒と仮想筆先という、フィジカルとバーチャルの融合であっても、人は物理的な棒の先端よりも、描画される画面の中の先端を見る。私たちは物質を「リアル」と呼んでいるが、私たちの知覚や身体のリアリティは必ずしも物質ではないのかもしれない。

投げたボールはどこまで身体か？

「手と対象を同時に見る」という視点から、VisualHaptics、そして味ペンを開発し、筆者の興味は感触の応用研究となっていったのだが、その一方で、この触覚でもない感触はなぜ発生するのかの説明はうまくできないままであった。「知覚と行為のズレ」と言ってみたり、「カーソルは身体の延長である」という議論はしてきたものの、納得できていなかった。

その後、筆者の興味は、身体とは何か、身体の境界はどこにあるのかと、「身体」へとますます向かうこととなった。そしてあるとき『生態学的視覚論』を読み直していると、「投げること」についての記述にふと目が留まった。これもやはり、手と対象を同時に見ることの節であった。

投げること（throwing）自体はやさしい。手にしている対象の視角を縮めさせさえすれば、非常に面白い仕方でそれが「遠ざかって」いく。むろん飛ばさなければならないが、それは触覚性制御の問題であって視覚性制御の問題ではない。野球選手なら知っている通り、ねらって投げることはずっと難しい。それは方向づけられた移動との一種の相互作用である。

（『生態学的視覚論──ヒトの知覚世界を探る』、古崎敬 翻訳、1986、サイエンス社）

ここから、「カーソルのような非物理的な存在は身体かどうか」という疑問を、もう少し日常レベルにおいても似たようなことが問えることに気づいた。そこで筆者は、「投げたボールはどこまで身体か？」という命題を思いつく。

この問いが良いのは、マウス＋カーソルというフィジカルとバーチャルという関係ではなく、ボールも身体も共にフィジカルという条件で考えられることだ。そして、この問いは身体の境界を考えるうえでちょうどいい題目だった。なぜなら、ボールを投げるということは、手に持っている状態と、手からボールが離れる状態があるからだ。ラケットを例にした場合では、ラケットを手に持つことは、物理的に身体がつながって延長しているため、「ラケットは身体の延長である」ということを、比喩だとしても理解しやすい。一方ボールが面白いのは、投げるまでは手に持っている点である。手に持っているということは、ラケットのように棒状で延びているように見えにくい点を除けば、手に持っているときは手の延長としてラケット同様の存在だ。したがってラケットでもボールでも、それを手に持っていれば、たとえば目の前の机に置いてある紙コップを机から叩き落とすことはそんなに難しいことではない。

では、ボールを「投げて」それをやることはどうだろうか。そして物理的に手からボールが離れると、手の延長ではなくなるのだろうか。机の上の紙コップから15cm離れ、ボールを投げて紙コップを落とすことができるだろうか？　おそらくできる。30cmはどうか？　少し難しいかもしれない。

60cm、1m、3m……　これはかなり難しいかもしれない。このように、手から離れても、距離が近ければ命中できる。つまり手にボールを持ってそれをやるときと同じ結果が得られる。しかし、遠くになるにつれて命中は難しくなる。おそらくボールを投げてコップを落とすことを目的とした場合、手から離れても30cmくらいまでは狙った通りの結果が得られるだろう。

この「狙った通り」というのは、言い換えれば「制御できている」ということだ。自分の手足はいつもどうだろうか。制御できていると思っているのではないだろうか。しかし逆ではないだろうか。つまり制御できているからこそ、「自分の」手足ではないか、ということだ。そう捉えることができれば、投げたボールは、制御できる範囲で身体と言えるのではないだろうか。したがって、自分の手足などのように思い通りに動かせているものが身体だとするならば、ラケットも身体とみなすことができるし、ボールを投げて思い通りに的に命中できているならば、それも身体とみなすことができるのではないだろうか。たとえばもし、3m離れていても毎回机の上のコップを思い通りに落とすことができたら、ボールも身体と言えるのではないだろうか。そんなふうに考えた。

「投げたボールはどこまで身体か？」という命題によって、筆者は制御できている範囲が身体であり、ボールが見えている範囲が身体であると考えるようになった。答えはわからないが、この命題によって、身体を考えるうえで、ラケットのように「物質的つながり」を前提にしなくてもよい可能性の視点を得られたのであった。そうして、「カーソルは制御できている点では身体の延長である」と考えるようになり始めたのである。

身体の延長の整理

ここまで、「カーソルは身体の延長であり、自分と言えるか？」ということについて考察してきた。次ページの図に示すように、テニスラケットやハンマーは物質であるため、手に持つことがそのまま「身体の延長」というように表現することは、物理的に接続されているためにさほど違和感はない。しかしカーソルについては、マウスデバイスまでは物理的であり身体の延長と言えるかもしれないが、マウスとカーソルの間（境界B）は電気信号であるし、カーソルは画面の中のグラフィックである。しかもカーソルが操作する対象もまたグラフィックである。このような違いがある中で、ラケットのように手で持っていない物も身体の延長であると言うのは説明し難いだろう。

しかしカーソルであっても、ラケット同様に意識しなくなることはあるし、なんらかの共通性はありそうだ。そこで、「投げたボールはどこまで身体か？」という題材から、手から離れたボールの制御を通じて物理的連続性としての身体の延長をいったん保留にした。これまで身体の延長は、物理的な接続を前提としてきたが、ボールのように必ずしも手に物理的に接続されていなくても、その制御性が高ければ、身体の一部となるように感じられる可能性がある。したがって、カーソルというバーチャルな存在にも同じ身体の延長メカニズムを見いだせれば、物質よりはるかに柔軟性の高いコンピュータでも、身体の一部であるかのような実感を得られる可能性が出てくるはずだ。

そして、VisualHapticsから約10年が経過した2011年の終わりに、カーソルが身体の延長であるかを検証するための実験方法を思いつく。それが、「マルチダミーカーソル実験」である。

マルチダミーカーソル実験

VisualHapticsでは、カーソルが身体の延長であり、身体であるカーソルにフィードバックを返すために「感触を感じる」という説明をしてきた。

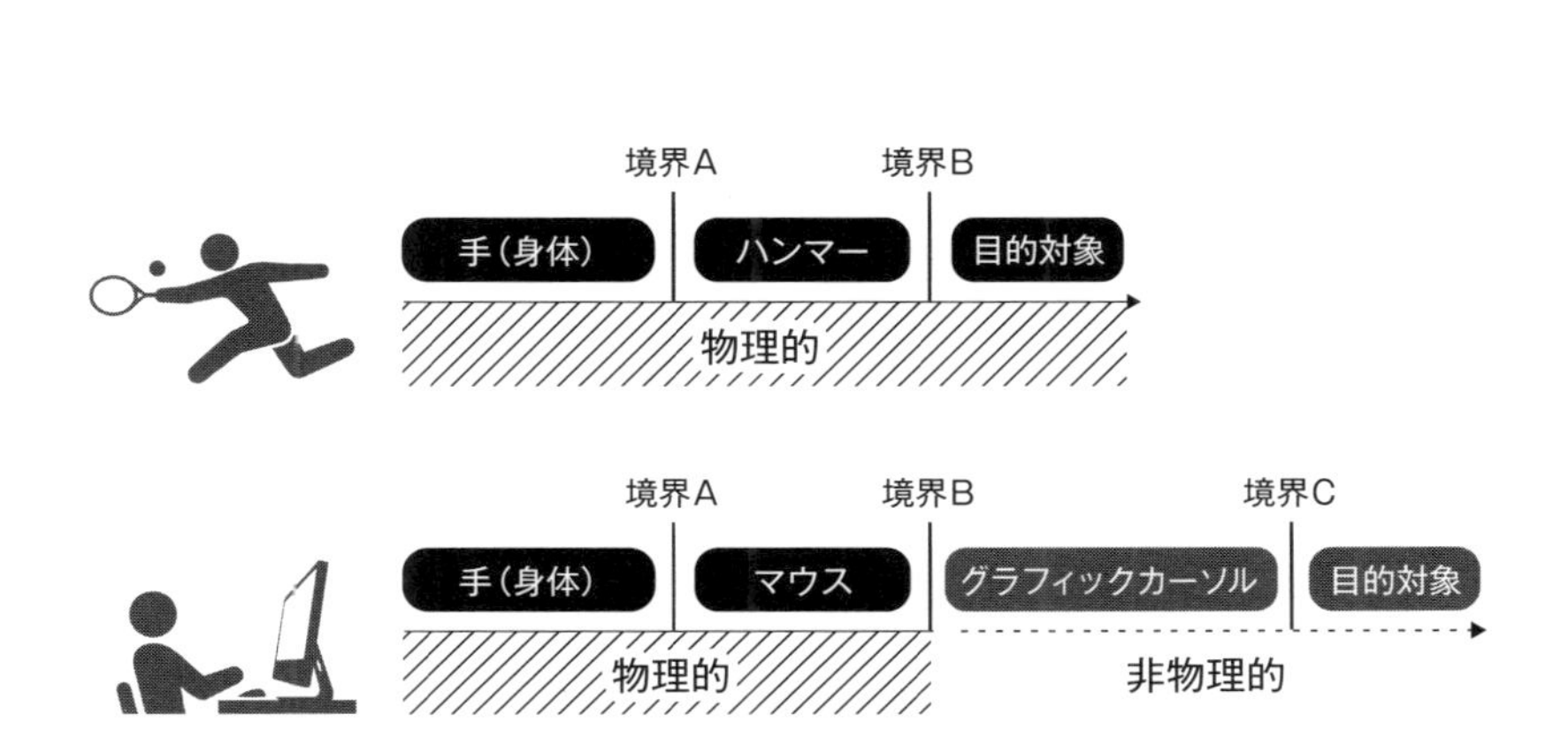

物理的な道具の境界とコンピュータにおける境界

そして、身体とは何か、身体の延長とはどういうことなのかを考えてきた。

しかし、まずカーソルが身体であるかということ以前に、そもそもカーソルを人はどう認知しているのか？ 物理的につながっていないのに、どうして「自分で操作している」と感じるのか？ なぜ画面のカーソルが「自分の」操作しているカーソルなのか？

たとえば、自分のカーソルであると認識する方法として、あの黒い矢印の形を人が認識していることが原因かもしれないし、マウスとカーソルが一対の関係である関係性から自分で操作しているものを理解し操作しているのかもしれない。あるいは自分でマウスを動かした方向に一緒に動くことで、自分が動かしているカーソルであることを認識しているのかもしれない。こういったことなどが予測できる。

ギブソン関係の書籍を読んだり知覚の勉強をしていれば、「動き」が自己を特定するうえで重要であることは知っている。そのためカーソルでも、「動き」によって自分のカーソルを識別できれば、自分のカーソルの特定は動きが重要であることがわかるのではないかと考えた。では、どのように動きが自己特定をする情報になると実証できるか。

そこで思いついたのが「マルチダミーカーソル実験」だ。マルチダミーカーソル実験とは、自分自身が操作しているカーソル（リアルカーソル）に加えて、そのカーソルと見た目がまったく同じカーソル（ダミーカーソル）を画面の上に複数配置し、自分のカーソルを発見できるかを調べるものだ。

もちろん、静止画ではどれがリアルカーソルであるかは誰が見ても区別がつかない。そして、複数のダミーカーソルにはあらかじめさまざまな動きが組み込まれている。これにより、画面には複数のカーソルが動き回る状態になる。この中で唯一、自分のマウスの動きと連動して動くカーソルがあり、これら見た目の同じカーソルの中から自分のカーソルを発見できれば、「動き」によって自分のカーソルを発見できるということにつながる。

実際にこの状態で実験してみると、すぐに自分の操作するカーソルを発見できることがわかった。ただし、発見しやすくするコツがあった。ダミーカーソルは勝手に動いているため、自分のマウスを止めていれば、止まっているものが自分のカーソルであるということが発見できてしまうのだった。これでは、「動きから自己を特定する」という実験にとっては都合が良くない。そこで、「ダルマさんが転んだ」のように、マウスを動かすとダミーカーソルも動き出し、マウスの動かしを止めるとダミーカーソルの動きも止めるようにした。これにより、マウスを止めることで自分のカーソルを発見する方法は使えなくなる。

もうひとつのコツとして、画面の端を利用する方法があった。複数のダミーカーソルの中から自分の操作するカーソルを見つけるために、マウスをおもいっきり左右か上下に移動させて、画面の端に止まっているカーソルを見つけることで自分のカーソルを見つけるという方法だ。これでは、純粋に動きから自分のカーソルを発見する方法にはならないので、画面の端をなくすプログラムに変更した。つまり、画面の左右上下をループにする方法だ。画面の右端へカーソルを移動させると、画面の左側から現れる。またその逆もある。上下も同様にした。これにより、画面の端に寄せることによる発見は不可能にすることができた。動きを止めるやり方も、端に寄せるやり方も、それ自体が「自分のカーソルの発見のためのテクニック」として興味深い発見ではあった。

さて、こういったやり方を回避できるようにした環境下で、自分のカーソルを発見できるか。実験者でテストをしてみた。マウスを動かすとダミーカーソルも同時に動く混沌とした画面。

しかし、わかるのである。30個ものダミーカーソルがあるにもかかわらず、どういうわけか、ほぼすぐにと言っていいほど自分のカーソルが特定できるのだ。しかも、一度特定してしまうとほとんど見逃すことがなく、混沌とした画面であっても明瞭に力強く、操作とカーソルが結びついた体験を得られたのであった。これには驚いた。しかも、自分でもどうやって見つけているのかわからないのだ。ただ動かすと「あー！　いたいた！」という感じである。これは新しい体験というよりも、混沌の中からいつもの「当たり前」感覚が湧き上がる体験であった。

発見までの軌跡パタンを記録し、実験ではおおよそ8つの動かし方で発見していることも見えてきた。また、「どのように自分のカーソルを見つけたか？」についてアンケートを行ったところ、

・特定のパタンをつくって探し出した
・可能な限り全体を見ておく（個別に追わない）
・速くカーソルを動かし、速く動いているカーソルを見つけた
・ダミーカーソルが少ないエリアのあたり（方向）に動かしてみる（どれがリアルカーソルであるかわからないうえで）
・ダミーカーソルの動きとは異なるような動きをする
・同じ方向に継続的に動かして画面の縁から現れるカーソルを探す

といった結果が得られた。これもやはり面白い。このような混沌としたノイズの環境の中からも、人は戦略を立てて自身を探そうとする。しかも、間違っているものもある。たとえば、「ダミーカーソルが少ないエリアのあたりに動かす」は、画面はループするようにしているため、被験者は「そうしているような気がするだけ」なのである。またアンケートにはあがってこなかったが、実験をしているとカーソルを止めて探す人もいた。しかしこれはおかしな話であって、止めてしまっては絶対に見つからない。

さまざまな戦略が述べられたが、実は自分自身が自分のカーソルをどのように見つけているのかは

わからないのである。この実験は、カーソルが身体の延長であるのかを検証すべく設計した実験環境であったが、実際の実験を通じて、このように人間がコンピュータとインタラクトすることについてさらに新しい知見や疑問を得る機会となった。

　そして、さらに大きな発見があった。操作者が自分のカーソルを発見するプロセスを横で見ていると、横で見ている人には、発見する前は当然として、操作者が自分のカーソルを発見した後も、まったく区別がつかないのであった。つまり、「やっている人」にしか識別できない体験がそこにあった。よく、「見ているだけじゃだめ。やってみなくちゃわからない」と言うが、それをまさに証明するような実験システムだった。

　この発見はさらに、「パスワード入力時のセキュリティのインターフェイス」の応用へつながっ

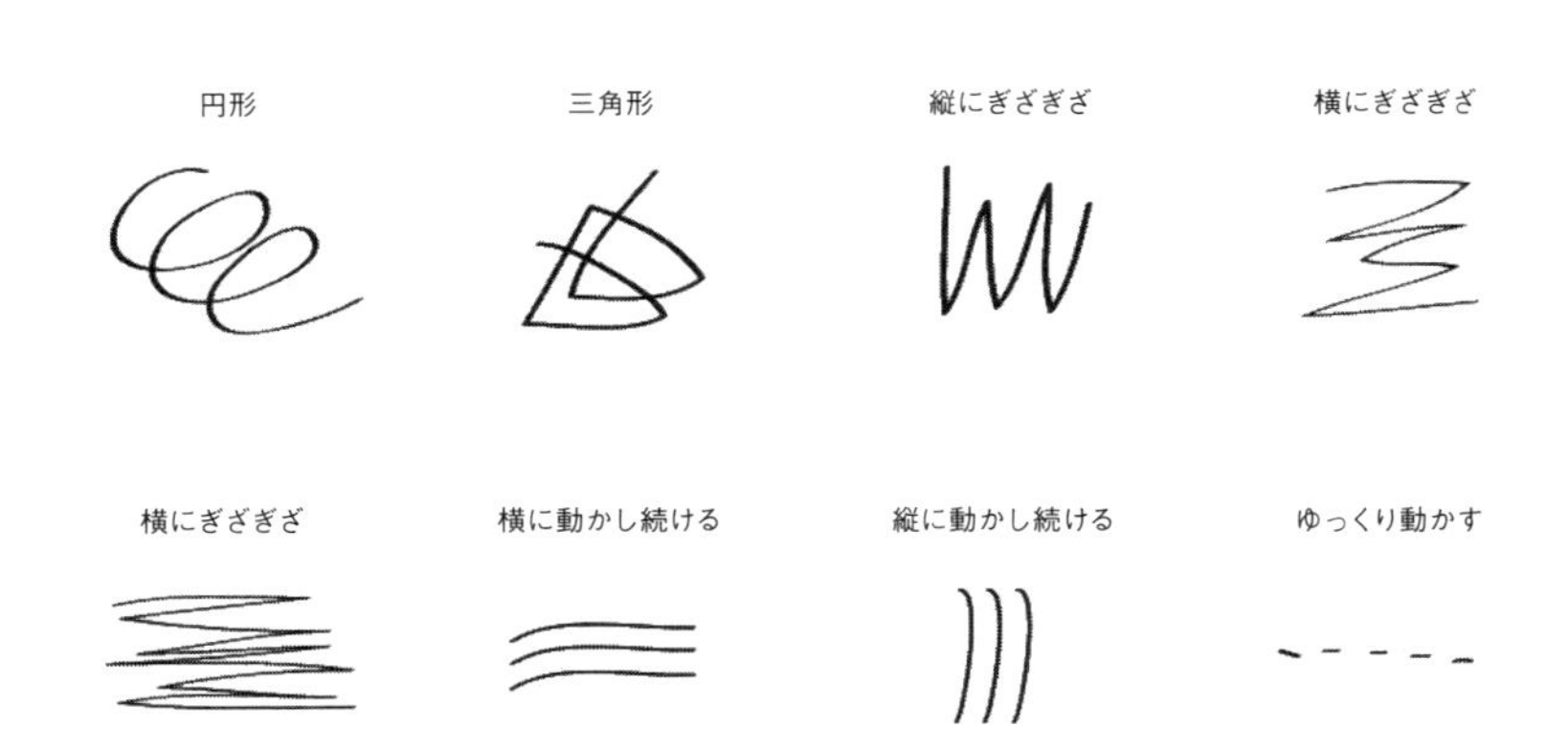

マルチダミーカーソル実験の軌跡パタンの種類

た。2011年、筆者がポスドクとして研究員であった時のプロジェクトミーティングにて、五十嵐健夫教授と稲見昌彦教授との議論によって、ATMやパソコンでのパスワードの覗き見問題を解決するのではないかというアイデアに至った。それが、「CursorCamouflage（カーソルカモフラージュ）」というシステムである。

CursorCamouflage

CursorCamouflageは、パスワードの物理的な覗き見を防止するためのパスワード入力インターフェイスだ。マルチダミーカーソル実験と同じように、テンキーの上に本物のカーソル1つとダミーカーソル複数を置くことで、操作者は自分のカーソルは発見し操作できるが、横で見ている観察者にはどれが操作者の操作しているカーソルかの判別をつかなくするというものだ。この仕組みを使うことによって、覗き見されても入力パスワードがわからなくなる。

ヒューマン・コンピュータ・インタラクションやセキュリティの学会では、覗き見問題を解決するためのさまざまなインターフェイスが考案されている。それらの多くは、ユーザーにあらかじめ絵などを利用した別のパスワードを覚えてもらい、その組み合わせで他人が覗き見してもわからないようにしたり、入力の仕組みを工夫して回数を増やすことによるものだったりと、ユーザーへの記憶負荷が比較的高い。

一方CursorCamouflageは、あらかじめ人が記憶しておかなければならない情報はなく、自分のパスワードを覚えておけばよいだけである。しかも、入力方法についても「動かしていれば操作者は自分のカーソルを発見できる」ため、覚えなくてはならない仕組みも単純である。また、ダミーカーソル数によって難易度を変えられるため、盗み見リスクの状況に応じたダミーカーソル数の変更といったこともできる。

CursorCamouflageは実験の結果、操作者は自分自身のカーソルを発見できる一方、観察者は推測するほかなく、ダミー数5では発見成功率41％、20では1％となり、操作されたカーソルの識別は極めて難しいことがわかった。この実験でも同様に、終了後に「どのように見つけようとしたか」の戦略アンケートをとったところ、

・マウスの動きとカーソルの動きの関係を観察した
・クリックした時にキーの上にあるカーソルを探した
・クリックした時にキーの中心にあるカーソルを探した
・マウスの動きを観察し、カーソルの動きの方向を推測、クリック間の時間差からその距離を推測し入力したキーを推定する

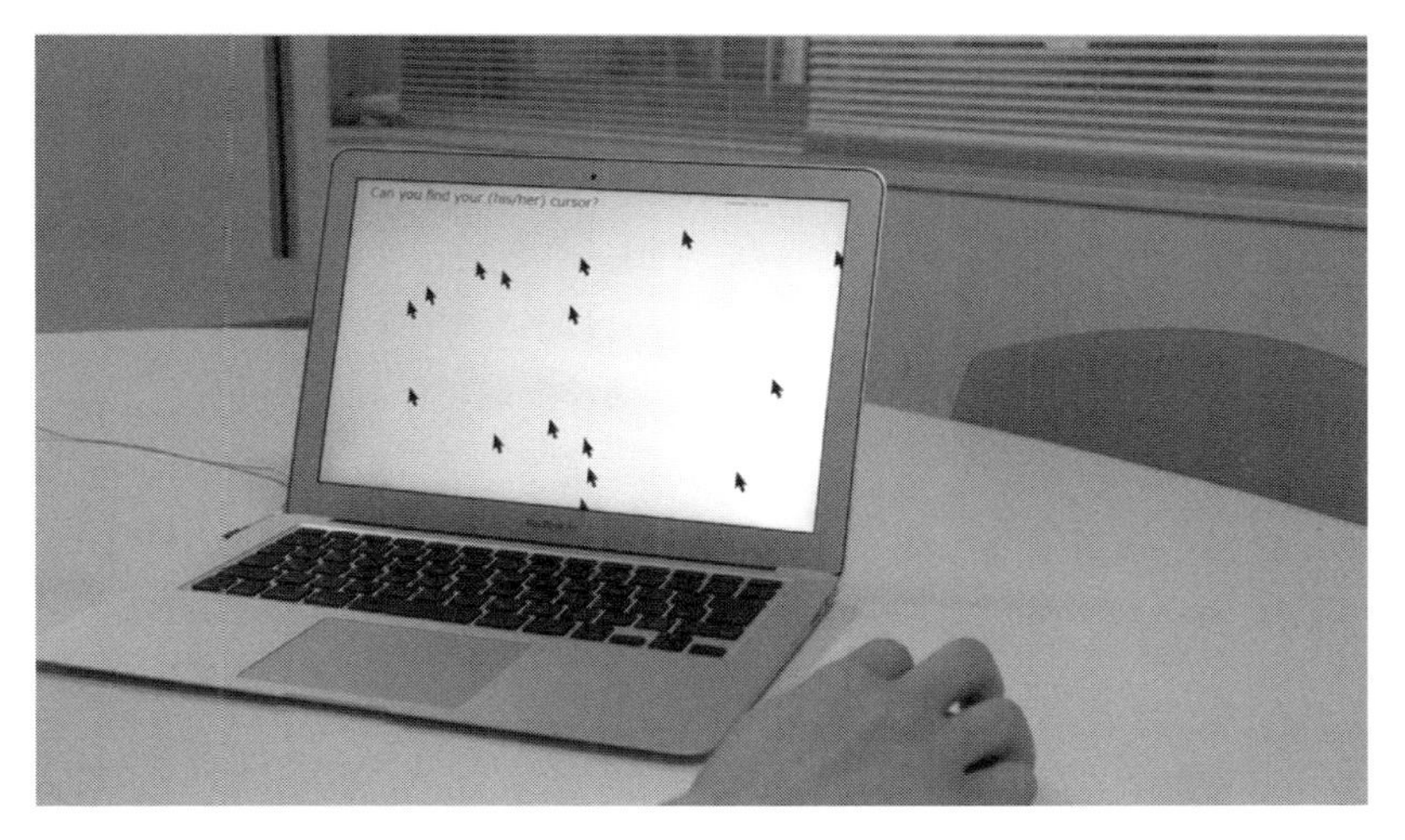

CursorCamouflage　http://www.persistent.org/cursorcamouflage.html

といった回答があった。これも実に興味深い。限られた情報からでも、観察者はどれが本人のカーソルであるかを見破れるヒントを短い時間で見つけるものだということがわかる。たしかに、2、3番目の探し方のように、人はクリックする時にボタンの端をわざわざ押すようなことはしない。ただ、最後の回答にあるクリック間の時間差の方法は、なるほどとは思うものの問題もある。なぜならテンキーもまた画面の端がなくループしているため、操作者が画面のループを使ってクリックした場合には、この見破り戦略は利用できないからだ。

認知的非対称性——私があなたではない理由

マルチダミーカーソル実験やCursorCamouflageの面白いところは、「自分はわかる。けれども他者がそれを見てもわからない」という認知的な非対称性があるところだ。非対称というのは、同じ画面を見ていても「わかる／わからない」という正反対の結果が現れるという意味である。自分はわかり、他人はわからない。ここに「自分」と「他者」の境界があり、つまり「〈私〉が〈あなた〉ではない理由」が見えてくる。そしてここに、「体験とは何であるか？」の答えも見え隠れするのだ。

同じ画面を見ていても、わかる／わからないという正反対の事態がそこで起きている。いわば、「やってみなくちゃわからない」とはこのことを指しているとも言える。しかし「やってみなくちゃわからない」というのは一体どういうことなのかを説明してくださいと言われたら、実はかなり難しい。逆に「やってみたらわかるのか？」という疑問もある。はたして「やってみる」と何が共有されるのか。インタラクションの設計というのは、ほとんどの場合がこの設計、すなわち「やってみなくちゃわからない」「やってみること」の現象の質をコントロールすることにある。そしてその現象というのは、「体験」である。

体験と自己

体験は「やってみる」ことで生まれている。もちろんそれは、その場にいることというレベルから、手に持ち体を動かすということまでさまざまである。次ページに示すように、マルチダミーカーソル実験では、リアルカーソルを発見するために操作する行為（Ⓐ）があった。また、発見した後に操作している状態（Ⓑ）があった。「どちらも操作している」が、リアルカーソル発見の前と後で体験がまったく別のものに変わる。

この体験の変化とは、「自分が」の体験の有無である。図のⒶもⒷも、両方とも自分が操作している状態ではあるが、Ⓐはダミーカーソルも含めて動いているため、動かしている原因としては自分であったかもしれないが、自分の輪郭が見えてこない。しかしリアルカーソル発見の後は、もはや自分しか見えてこないくらい鮮明に、「自分が」操作している感覚が発生する。操作や制御ができているという状態は、「私が」「自分が」という「自己感」の発生がまず重要であることが見えてくる。つまり❹では自己感がなく、❺では自己感がある。そしてこの自己感というものが体験の境界になっているし、設計のポイントになってくるのだ。

この視点は、体験の設計についての条件を示唆してくれる。まず「体験の設計」という、体験というマクロで曖昧な表現を「自己感」というキーワードと結びつけて考えることができるようになる。さらに、その自己感の発生には境界条件があり、そこが設計のポイントになってくることがわかる。

つまり、極端に言えば、自己感があれば良いユーザーインターフェイスなりインタラクションで、

リアルカーソル発見前と発見後では何が違うのか

自己感がなければ悪いユーザーインターフェイス、インタラクションである。そしてここで、本章の最初に立てた問い、「道具はどのようにしたら「透明」になるのか？」にたどり着く。

カーソルは身体の延長——動きの連動が身体を延長する

VisualHapticsから始まった「カーソルは身体の延長であり自分の一部なのか？」という問いは、マルチダミーカーソル実験により、「動きによって」複数のダミーカーソルの中から自分自身のカーソルを特定できることを明らかにした。すなわち動きの連動が自己を特定し、自己感を与えている理由になっており、その点において身体は画面の中にまで延長している。テニスラケットのように物理的な接続はなくとも、動きによって身体は延長として知覚し得るということだ。

カーソルと透明性

本章冒頭で、「カーソルはコンピュータにおける道具の透明性を考えるうえでちょうどよい題材である」と述べたが、だいぶ長い話になった。カーソルでまさかここまで話が展開されるとは思わなかったかもしれない。

カーソルは、Mac、Windowsのどちらにも採用されており、おそらく多くの人が毎日利用しているし、パソコンでのほとんどの操作はマウスカーソルで行われている。しかし、私たちはカーソルを常に意識したりカーソルについて考えたりすることはない。私たちの意識にのぼってくるのは、ほとんどすべて、カーソルが指す対象の方である。その点で、カーソルは透明化している存在である。

そして、その透明化しているカーソルの知覚については、マルチダミーカーソル実験により、人間はカーソルを色・形で記憶しているのでもなく、マウスとカーソルが一対一だからでもなく、「動きの連動」によって特定できていることがわかった。つまりこのことは、動きの連動がカーソルの「透明性」を作り出すことの大きな原因となっているとも言えるのである。

またもうひとつ、マウスとカーソルの連動に遅延を入れると、複数のダミーカーソルの中から自分のカーソルを発見することが急激に難しくなることもわかった。なお、「遅延鏡の実験」というものがあって、乳幼児が映像を利用した鏡を利用し、そこに遅延を発生させ、自己像を見させても、自分自身であると認識できないという実験結果がある。そういったことからも、動きの連動性は極めて重要であることがわかる。

とはいえ、動きと連動することが身体の延長であると言うにはまだ何か腑に落ちないし、透明化するというのも、もう少し納得いくようにしたいと考えていた。そんな時に筆者が出会った言葉が「自己帰属感」だった。自己帰属感という考え方によって、延長や透明という説明では見えにくかった「自己」をめぐる議論とともに道具を考えることができるようになったのだ。

ここからは、その「自己帰属感」というキーワードを用いて、これまでのインターフェイス設計ではあまり触れられてこなかった道具設計や体験設計を論じていく。

自己帰属感——新しい道具設計のキーワード

もともとこうした「自己感」については脳科学や哲学の分野でも議論されており、そこでは自己感は2つに分類され紹介されている。それは、「自己帰属感［身体保持感］(sense of self-ownership)」と、「運動主体感（sense of self-agency)」というものである。

自己帰属感とは「この身体はまさに自分のものである」という感覚であり、運動主体感とは「この身体の運動を引き起こしたのはまさに自分自身である」という感覚である。たとえば、目の前のペットボトルを手に取るときに、自分の腕を意図通り動かせていれば、自己帰属感（身体保持感）と運動主体感の両方が引き起こされる。ただ、そこで誰かの腕にぶつかり腕が動かされてしまうと、自己帰属感は保持されるものの、運動主体感は引き起こされない。

自己帰属感とヒューマンインターフェイス

動きの連動によって自己への帰属感が立ち上がってくる。つまり、私たちは普段カーソルを意識しないで対象を意識しているというカーソルの「透明性」の正体は、「動きの連動」がもたらした自己感、自己帰属の結果であったと言えるのではないだろうか。また、ハイデガーの事物的存在と道具的存在も、この連動が生み出す自己帰属で説明するのが良さそうだ。

つまり、私たちはユーザーインターフェイスの設計に「自己帰属（感）」という新しい設計の軸を手に入れたのだ。しかもこれはカーソルを利用したシステムはもちろんのこと、コンピュータにおけるさまざまな入力手法を考えるときの強力な設計指針となる可能性を持つのだ。

新しいインターフェイスと自己帰属感

カーソルが特別なのは、マウスとの「動かし」と画面の中の動きが連動し、自己帰属感が立ち上がるからである。カーソルまでが自己の一部となることで、人はカーソルを意識しなくなり、対象のほうを意識する、つまりカーソルは透明化する。だからこそカーソルの登場は「直接操作」を実現し、自己が画面の中にまで入り込んで情報に直接触れているかのような感覚へと辿り着く。カーソルはバーチャルな身体なのではなく、連動性という点においては実世界の自己の知覚原理と同じで「リアル」である。

カーソルは今でこそスマートフォンやタブレットなどでは使われなくなりつつあるが、重要なことは、GUI以外のインタラクションにおいても操作的なものがある限り、「カーソル的役割」をしているものが必ずあるということだ。そこに、やはり透明性そして自己帰属感の原理が存在している。たとえばマルチタッチでもこの原理は有効であるし、KinectやLeapMotionといった空中でジェスチャ入力するようなものにおいても同様に有効である。むしろ、そういった新しいインターフェイスにおいてこそ、どのように体験を設計していくか、どのように直感的にするかについて、透明性や自己感の原理の理解は真価を発揮するとも言える。何にせよ、非物質である情報（ソフトウェア）で体験を設計する時代なのだから。

またウェアラブル機器の登場によって身に付けるコンピュータが身近になりつつあるが、身近さは物理的な距離を言うのではなく、むしろ自己との一体感をどのようにソフトウェアで実現していくかが面白いところであり挑戦すべきフロンティアである。ヒューマンインターフェイスの目標は、身体の一部であるかのような透明性を得ることであると第2章でも述べてきたわけだが、透明という比喩ではなく「自己帰属感」というキーワードを設計に用いて議論できるようになることは、意義の高いことだと思っている。

さらに、身体の延長としてカーソルを考えることとは、逆からの視点であることも面白い。道具は通常、延長や拡張として議論される。それは道具によって人が新しい力を得るからである。そのため延長や拡張論では、機器中心の機能論になることが多い。しかし自己帰属感は、拡張しながらも常に「自己」の方向を向きながら設計を考える。人間（私／あなた）が主役であることを前提にするならば、自己帰属感は感覚の設計論でもあるし、体験の設計論でもあるし、ヒューマンインターフェイスの本質を突いた設計のポイントにもなる。しかも、マルチダミーカーソル実験からも、帰属する／しないの境界条件も見えつつある。そのうえ、自己帰属は気持ち良いのである。ヒューマンインターフェイスは基本的に問題解決の効率の良さを中心に評価されてきたが、これからはその一体感、一体性についても、設計の評価ポイントになるのだ。

iPhoneのGUIはなぜ気持ち良いのか

iPhoneのユーザーインターフェイスは、登場した当初から他のスマートフォンからは逸脱した一線を画す存在であった。物理的なボタンはほとんどなく、画面は大きく、指での操作が前提だった。それゆえに、ユーザーが体験するほとんどすべての設計が画面の中に移行した。

実際のところ、iPhone登場まではタッチパネルを採用したユーザーインターフェイスは「物理的な感触がない」ことを主な理由として、あまり積極的な採用は見られなかった。仮に採用されるとしても、併用してボタンが取り付けられていた。たとえば任天堂DSは、タッチパネルを取り付けたものの、依然として十字キーやABボタンを取り付けていた。

したがって、ほとんどすべての操作をタッチスクリーンで行う方針は、ユーザーインターフェイスにとって「触感がない」「使いにくい」という課題に対する挑戦であった。しかしiPhoneはそれを行ったし、しかもマルチタッチの採用や、GUIによって触感のなさをカバーすることもしてきた。iPhoneは他のタッチスクリーンのGUIに比べて圧倒的にフレームレートが高く、操作に対する応答速度が高い。したがって、マルチタッチを行っても指への追従性が高い。この追従性は、ハードウェアのスペックによってというよりも、GUIの設計によって実現されている。ソフトウェアキーボードについても、触感はないが視覚的なフィードバックや反応領域のしきい値などの調整がうまく設計されていた。アイコンやアプリケーションのUIコンポーネントといった美観面も優れていた。等々、他にもさまざまな特徴があるが、iPhoneはとにかくよくつくりこまれていたということだ。これはAppleがコンピュータのUIに精通している結果でもあるが、スマートフォンというまったく新しいプラットフォームで最初からこのような、触っているだけ楽しい、気持ち良さがある、といったある一定の完成度を出せることはやはり驚きだ。結果的に、このiPhoneのGUIは他のスマートフォンへも影響を及ぼしたし、他の家電にもタッチパネルが搭載され、iPhoneのような設計を真似するような流れが起きた。

しかし、問題は「何を真似したのか」だ。筆者から見れば、実際は真似できておらず、真似の観点が間違っていたということだ。そのために、逆に気持ち良さや触っているだけで楽しいという感覚から遠のいてしまっている製品も多くあった。では、iPhoneのUIの作り方から学ぶべきことは何だろうか。

自己帰属感とiPhone

結論から言ってしまうと、「自己帰属感の高いユーザーインターフェイス」である。iPhoneは身体に近い、身体と親和性の高いインターフェイスになっている。だから操作自体は透明になり、情報に直接触れているかのような感触を与えるのである。

さて、これまで「マウスとカーソルの連動」という点で自己帰属感について説明してきた。しかしながらiPhoneはタッチパネルで、カーソルはない。けれども、カーソルがないと自己帰属は起きえないかといえばそんなことは全くない。何が連動しているのかを考えることでわかる。あるいは、どう連動させるかで自己帰属感は生起するのだ。

iPhoneの場合、カーソルがない。だから指がカーソルに思うかもしれない。しかし指はどちらかといえばマウスの位置づけで、カーソルではない。ではカーソルの代わりは何か。ここで重要なのは、カーソルということではなく、iPhoneでパソコンのカーソル並に身体の動きに連動している部分は何かということだ。

それは「画面全体」である。たとえばiPhoneのホーム画面は指に追従し、アプリケーションリストが左右に移動する。ウェブブラウザでは画面全体が指に追従しスクロールする。カーソルはないが、カーソルと同じレベルでiPhoneの画面は非常になめらかに連動している。この連動が画面の中と指を接続し、自己帰属感が生起して身体の一部となり、ハイデガー的に言えば、道具的存在になるのだ。

iPhoneのUIの誤解——アニメーションに自己帰属感はない

iPhoneの真似をするというと、だいたい美観、ジェスチャ、アニメーションの3つを真似る製品が多い。アイコンやGUIコンポーネントのグラフィックスの美観を真似るのは比較的簡単であるし、グラフィックデザイナー次第というところはある。

日本にも素晴らしいグラフィックデザイナーは大勢いる。しかし問題は、ジェスチャとアニメーションの理解と設計だ。これはグラフィックデザイナーだけではできない。

まず、iPhoneの自己帰属感として説明したホーム画面でのページ送りや、ブラウザのスクロールの話から考えてみよう。これらはたしかに画面だけを見たらアニメーションに見える。しかしこれをアニメーションとして捉えてしまったのが、多くの真似の失敗原因である。

先に述べたように、この画面はアニメーションではなく、カーソルと同じ意味で「動く」のである。パソコンのカーソルはアニメーションだろうか。テレビなどでパソコンの操作の解説ビデオを見ていれば、カーソルは他のUIの要素と同じようにアニメーションかもしれない。それに画面上で動くグラフィックを「アニメーション」と定義するなら、たしかにカーソルだってユーザーのマウスからの入力によるアニメーションかもしれないし、計算機上では同列の扱いで処理されるかもしれない。

しかし、述べてきたように、カーソルは人の手の動きと連動して動き、自己帰属感をもたらすものだ。同じ画面上で動くグラフィック、たとえばダウンロード時に表示されるプログレスバーの動くグラフィックには自己帰属感は生まれない。そういうものとは違う存在なのだ。

この理解なしに、iPhoneの画面がダイナミックに変化することをアニメーションとして捉え、iPhoneよりもっと動かそうとアニメーションを導入してしまう事例をよく見てきた。しかしこれは、自己帰属感や透明性を得るどころかその逆であり、人はそのアニメーションの最中には操作できず、その時間は、ハイデガーの言う道具的存在から事物的存在になってしまうのである。

ではアニメーションは悪いものなのか。そうではない。UIにおけるアニメーションは、基本的にユーザーの操作や通知を機に「ユーザーの操作とは連動せず」に一定時間動き、状態を示すものだからだ。GUI環境では主に注意を引くための通知表現として使われることが多いが、最近では画面遷移や切り替えにアニメーションを導入することが増えてきている。このアニメーションはナビゲーションを意味することが多く、前に見ていた画面やファイルがどこに行ったか（隠されたのか、消えたのか）を表現するときに有効である。たとえばMacに搭載されている最新のSafariでは、ファイルをダウンロードするとアイコンが弧を描くようにダウンロードフォルダに移動し「どこにファイルが保存されたか」を伝えている。

ジェスチャの誤解

そして、ジェスチャの理解もまた難しく、誤解も多いように見える。まずジェスチャを2つに分けてみることから始めよう。ジェスチャには、コマンドジェスチャとオペレーションジェスチャがあると言える。

「コマンドジェスチャ」というのは、たとえば画面に三角形の絵を書くと、ある機能が実行されるというようなものである。かつてPDAと呼ばれた端末では比較的よく使われていた手法だ。Kinectなどの空中で何も持たずに手の動きを認識するインターフェイスの場合もコマンドジェスチャがよく使われる。たとえば、手を振ってバイバイとするとアプリケーションが終了したり、2回手を前に出すと実行など、そういった動きのパタンと機能が結びついたものだ。こうしたコマンドジェスチャはタッチパネルが搭載された携帯電話やスマートフォンあるいは電子書籍でも採用されている。

一方「オペレーションジェスチャ」は、画面の動きと手のジェスチャの動きが連動するジェスチャである。たとえばiPhoneのSafariは、ブラウズ中に左スワイプすれば、そのスワイプの動きに連動して画面が右に隠れながら、前のページが下に現れるようになっている。また、iPhoneのホーム画面を次のページに移動するのも、指の動きに連動する。こういった操作のためのジェスチャを「オペレーションジェスチャ」とここでは呼ぶことにする。筆者としては、これは操作方法であってジェスチャとはあまり言いたくないのだが、世間一般ではこれも「ジェスチャ」と呼んでいるため、ここではオペレーションジェスチャと名づけた。

さて問題は、このコマンドジェスチャとオペレーションジェスチャを混同したまま設計されていることである。たとえば隣のページに移動する画面遷移の時に、コマンドジェスチャを採用してしまうケースをよく見かける。

当初タッチパネルが搭載されたデジカメでは、写真閲覧モードで画面上を指で左になぞると、ひとつ前の写真に戻るというものがあったのだが、これは左になぞったあと、そのなぞったということが認識されてワンテンポ置いたあとに、ひとつ前の写真が表示されるというものであった。また、コマンドが認識されたあと、今見ている写真が左にアニメーションして動いていくトランジション効果をかけたものもあった。電子書籍も、ページをめくっている感じを演出として出したいのか、画面をなぞると次のページに切り替わるというものがあった。特に電子ペーパーの場合はアニメーションには強くないので、なぞりのジェスチャの後に画面がクロスフェードして次のページが現れるというものがあった。

iPhoneのジェスチャは、その多くがオペレーションジェスチャを採用している。かつ、グラフィックと指の動きが連動するようにされている。だから、ひとつひとつの操作でも自己帰属感が生まれるのだ。

プログラマがジェスチャの認識の仕組みを作り、デザイナーが画面遷移のアニメーションをつくるという設計をしてしまうと、自己帰属させるような発想にはなりにくい。また、こういった自己帰属感の設計はなかなか仕様書に落とし込みにくいという課題もある。

美観、ジェスチャ、アニメーション。iPhoneはいずれもよく設計されているがゆえに、一見わかりやすい美観の良さに引っ張られ、美観や演出という観点でジェスチャもアニメーションも捉えられてしまっていたようにも感じられる。もし自己帰属感という観点をもってiPhoneの良さを理解していれば、アニメーションやジェスチャについて誤解せず、適切に設計できていたかもしれない。透明性を得るための道具の設計は、人とグラフィックの細かい現象をひとつひとつ適切に捉えていくことであり、感覚や演出で行うものではない。UI設計は原理に基づいて設計されるべきであり、だからこそAppleは、1984年のMacintoshからそれを原理として意識し、ガイドライン化しているとも言える。画面という場所の都合上、アーティストによる美観の演出は時に必要かもしれないが、それも売り出していく要素のひとつだとしても、このような人間の自己帰属感を設計に取り込むかどうかで、道具になるか否かが決まるのだ。

自己帰属感と感触――モッサリ、サクサク

GUIにおいて私たちがいつも意識するのは、カーソルではなく、カーソルが触れる対象の方であると述べた。しかしカーソルが意識される瞬間がある。それはパソコンが処理落ちしたときや、無線マウスの電池が弱っていたり電波が悪かったりする時に、カーソルの動きがマウスと連動せずに遅延したり飛んだりしてしまうときだ。

面白いのは、私たちのその印象表現である。私たちはそれを「ひっかかり」として感じたり、もどかしさを感じたり、「重い」といった表現をする。一般的なディスプレイと一般的なマウスで、触覚

的なフィードバック機構がないにもかかわらず、「触覚的な」感覚を体験する。そしてこれは、スマートフォンをはじめとする電子機器製品をユーザーがレビューする際に使われる表現である「モッサリ」であり、それがなければ「サクサク」と表現される。

VisualHapticsではこの原理をポジティブに利用し、それを感触として提示したわけだが、ではこの感覚はいったい何なのだろう。マルチダミーカーソルの実験からカーソルが身体の一部であることが見えつつあることや、自己帰属感、透明性、道具的存在というキーワードを踏まえれば、この感触についても理解できる。

気持ち良さと悪さ＝自己帰属率の配分

VisualHapticsでは、動きの連動に少しだけノイズ（位置のずらし、時間遅延、カーソルの変形）を適用したことによって、ある感触を発生させた。そして、自己帰属感は「動かし」の連動から発生していることについては述べた。マルチダミーカーソル実験によって、動きから自己を特定できることもわかった。つまりカーソルの自己感は動きの連動の結果である。この状態を、マウスとカーソルの連動100％、自己帰属100％とする。一方VisualHapticsでは、それにノイズを発生させ、連動を乱している。だから連動は低下し、その結果、自己帰属感も低下、たとえば自己帰属80％となる。

つまり感触の発生は、自己帰属感の低下によって生み出されると考えられるのではないだろうか。そしてより具体的には、感触の発生とは、その帰属が環境側に持っていかれることが、その環境の感触を生み出していると考えられるのではないだろうか。すなわち自己帰属率の配分が、インタラクション時の気持ち良さ／悪さ、また感触や質感の多寡になっているのではないだろうか。裏を返せば、私たち人間の実世界の環境認識についても、感触として感じていることが、自己帰属率の配分というようにも捉えられるのではないか。

また、マウス操作以外でも、ネットワークの障害によってウェブページの読み込みが遅いことを「重い」と表現するのは、自己帰属率がシステム側にもっていかれているからと説明できる。自己帰属しないのに「動いて」いて、自己帰属させようにもさせられないものは、自己帰属率がマイナスとなり、「動き方によっては他者と感じる」ことになるだろう。

他者を感じる動きは「アニメーション」であるし、アニメーションの語源である「アニマ」「アニミズム」という語の持つ生命感は、自己帰属しない動きの中に現れる。もちろんアニマを感じない動き、たとえば風で動く木々などもある。そう考えると、「動き」というものは、自己帰属する動き、他者を感じる動き、物理現象の動きの3つとして分類できるかもしれない。この3つの中で体験に直接的なのが自己に帰属した動きであるが、この動きは物理現象の動きとも インタラクトするし、他者の動きともインタラクトする。

UIの設計はプログラミングによって行われるため、さまざな動きを扱えるようになる。どれもコンピュータの画面上の現象には違いがないし、プログラム的には「表示」しているに過ぎない。しかし見てきたように、動きには種類があり、そこから立ち上がってくる感覚は大きく異なる。そしてユーザーも明らかにその感覚を体感しており、それは「モッサリ」「サクサク」といった言葉で表現されるのだ。

ヌルヌル

さらに最近では、「ヌルヌル」といった操作感覚もネット上ではよく見かける。これもまた興味深い表現だ。「ヌルヌル動く」という表現は、サクサクより上の評価として使われることが多い。この表現はおそらく、動きの連動が高いことが前提のうえで、自分で操作しているのとは若干違う「すべり」を感じている様子と筆者は考えている。つまり、自己帰属感はあるのだけれど、自分が動かす以上に、より素晴らしく補正されたかのように動いてくれる感触表現ではないだろうか。

こういったヌルヌルという表現がポジティブに使われることに、UI開発における個性的な感触表現や遊びの要素の可能性が垣間見える。本書ではUIの感触を自己帰属感ということで原理主義的な解説をしているため、表現の自由度や個性を設計に求める人たちにとっては少し窮屈なところもあるかもしれない。しかしこうした自己帰属感ということがわかれば、その上で遊びや表現を織り交ぜられるし、それが今後の感触のディテールになっていくとも言えるだろう。

中村勇吾氏らがUIの開発を行ったINFOBAR A02は、ホーム画面スクロール時にスクロールスピードに応じて画面のアイコンが大きく変形するような軟体的な表現を操作の中に取り入れている。この動きの表現は非常によくできていて、遊びの要素を導入しながらも自己帰属感が失わることはなかった。筆者はこの自己帰属の上の表現を「自己帰属感の余韻表現」と呼んでいる。先ほど3つの動きの種類を紹介したが、これらをうまく組み合わせることで、気持ち良さの新しいレベルを設計できるのではないかとも期待している。たとえば、自己帰属感+慣性表現のような物理現象に基づく動きというような組み合わせで、うまくボールを投げるかのような体験を可能にするのではないかと考えている。

自己帰属・透明性・道具性・サクサク感・他人

自己帰属と環境帰属の間に発生する感触の可能性について考察してきた。ここで改めて整理するために、透明性やハイデガーの道具的存在を次ページの図のようにプロットしてみた。

まず透明性であるが、自己帰属が高い状態を透明として、動きの連動が100〜50%の状態になり、環境への帰属が高まり、その感触を感じるようになる。「透明性」という比喩を使うならば、この状態が半透明であり、不透明は帰属がない状態である。透明が身体であれば、不透明は物体である。ハイデガーの言葉を使うなら、透明が道具的存在で、不透明は事物的存在である。動きの連動が高いほど気持ちが良く、自己帰属感が高い。感触については自己帰属感が高いほどサクサク感があり、低下すれば「モッサリ」といった感覚になる。自己帰属が100%の場合は、たとえば「何も持たない」状態がサクサク感を感じるかといえばそうではないだろう。なぜなら何も持たない自分の身体のことを「サクサク」とは言わないからだ。したがって、自己への帰属が高いながらも、少しだけ環境

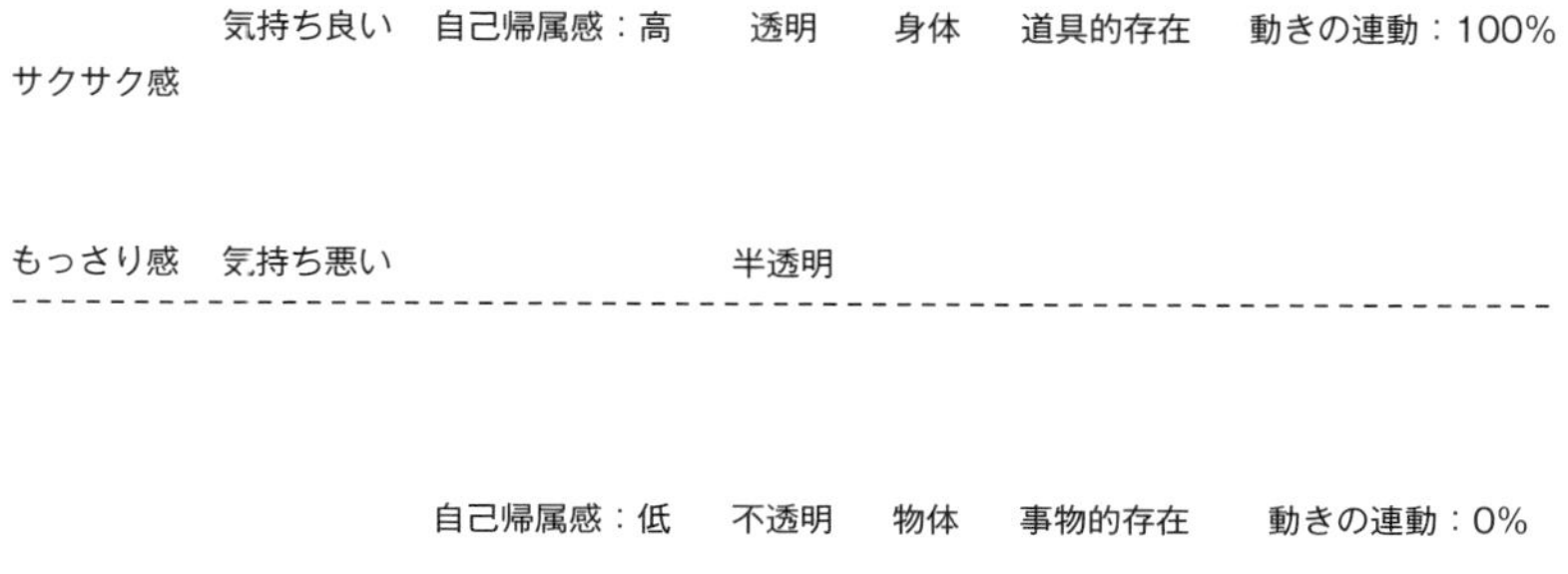

自己帰属、環境帰属、感触を考えるためのプロット

の特性を感じられる状態が、「サクサク感」と考えることができる。

自己認識の境界

連動の乱れは自己感を失わせる。結果的に他者や物理現象の「動き」の知覚が生起されることになる。これに関連する研究として、「くすぐり実験」がある。ある機械を通じて、自分で自分をくすぐる。自分で自分をくすぐると、くすぐったくない。それは機械を通じなくてもそうである。しかし機械によってそこに300ミリ秒以上の遅延を発生させると、くすぐったさを感じるという報告がある。これはまさに連動が乱れることによって、「自分で」という感覚はなくなり、他者や物理現象によって「触られている」状態になるからではないだろうか。

遅延はマルチダミーカーソルでもやはり自己のカーソルの発見にとって大きな影響を与え、遅延が入るとダミーカーソルの中から自己のカーソルを特定するのが極めて困難だった。同様に、たった300ミリ秒という短い時間であっても、自己の知覚にとっては非常に大きな影響を与えることになるのだ。

このように、動きの連動は自己の知覚にとって極めて重要であり、そして自己の知覚をもって初めて「世界」は知覚される。私があなたではない理由は、私とあなたはそれぞれ知覚と行為の動きのセットが異なるからである。

ギブソンは、知覚と行為が循環していることを「知覚行為循環」と呼んでいる。知覚行為循環とは、「私たちは動くために知覚するが、知覚するためにはまた、動かなければならない」ということだ。知覚と行為は分けられず循環しているということだ。私たちは、知覚を「入力」、行為を「出力」のように分けて考えてしまいがちだが、これは認知心理学が採用した、人間をコンピュータのように情報を処理するような「情報処理モデル」に例えたことに由来している。わかりやすいモデルではあるが、実際は入力／出力という向きがあるというよりは「同時に発生している」という理解が重要だ。

私たちの身体の境界は、生物として手足を持つ人型としての骨格と皮膚までかもしれない。しかし、「生物としての身体」と「知覚原理としての身体」はおそらく少し分けて考えるべきである。そして後者はかなり柔軟にできており、帰属を通じて身体は「拡張可能」と言えるのだ。

自己帰属のその先

自己帰属した道具のその先には何があるのだろうか。自己帰属した道具は透明化し、意識されなくなる。とすると何も感じない世界だろうか。そうではない。自己帰属がもたらすのは、そこにある新しい知覚世界だ。たとえば車を運転すると、私たちはタイヤと地面の境界やインタラクションを知覚したり、鉛筆で紙に文字を書くと、ペンと紙の境界やインタラクションを知覚する。このように、世界は道具を通してユニークに知覚されている。そこに新しい体験がある。これが身体とテクノロジーのもたらす体験なのだ。そして、テクノロジーを利用したうえでの自己帰属の先のインタラクションの中に、新しい「私」を知覚する。つまり体験することとは「私」の存在を発生させるわけだ。したがって、「体験」と「私」は表裏一体であり、分けられない。

今日のテクノロジーは、車でもなく鉛筆でもなく、情報が相手である。自己帰属は自由に設計できるようになった。だから人はビデオゲームを楽しめるのだし、自己帰属感を楽しみ、その先の体験世界を楽しむ。こういった自己帰属の性質を楽しみ、自己と世界を同時に理解する。

新しいUXの基礎

では、「UX」と呼ばれる設計論では何が基礎になるのか。このことについては、現象レイヤでの結論は次のようになる。それは、「とにかく自己帰属させる」ということだ。これを軸に置くことが体験設計の基本である。連動こそ自己の現れとなる。そして自己帰属のうえでさまざまなインタラクションが生まれることが、自己の拡張感だ。道具を利用し、パワーを得ている恩恵の実感。その先にある新しい「知覚世界」の体験。ハンマーが広げる自己の拡張世界の体験。鉛筆という道具が広げる新しい知覚世界。接点が変わる。インタラクションが変わる。知覚行為循環が変わる。人－環境システムが再構築される。道具は体験を拡張し、広げる。これが、UXのデザインである。

これはまた、スポーツの体験にも似ている。世界の「見え」が変わる。ギブソン的に言えば、新しい身体を得ることによる「知覚システム」の再構築が起きる。だから、得られる情報が変化する。アフォーダンスが変わる。世界の価値が変わる。スポーツを作るわけではない。知的活動でそれをやる。道具はあなたを変えながら世界との接点を変えるから、あなたは変わるのである。

そもそも身体とは何か

動きが自己の知覚だとすれば、ラケットは手に持って延長していることが重要ではなく、手の動きと連動していることが重要であると考えられるようになる。知覚行為循環からすれば、手や足だって、連動している結果、「私」という輪郭をつくっているとも言える。私たちは、命令することで手足を動かしていると思っているかもしれないが、逆に言えば「見る」ことでようやくきちんと動かせているということでもある。命令というよりも、調整している。これは、本章冒頭で紹介したギブソンの引用、〝手は触発されるものでも指令されるものでもなく、「制御される」ものだと考えるべきである〟につながる。だから、自己感は原因ではなく結果であることも想定しておくべきである。

身体は物質か？

身体の一部になるということが、「持つこと」でなく「連動すること」であるとすれば、それは物質から構成される身体ではなく、そこに物質と知覚的情報の設計の曖昧さ、入り混じりが発生する。したがって自己に帰属した拡張した身体においては、身体の境界設計は物理的にも情報的にも行えるのだ。

私たちは、物理的であることが身体拡張のリアリティをもたらすと考えがちだが、物理的であることはたまたま身体との連動を作るのに都合が良いだけである。だから、物理的ではないものであっても、たとえばカーソルであっても、連動すれば身体拡張と考えられる。むしろ、情報的に拡張する方が質量を伴わないため、柔軟な身体拡張が期待できるのだ。

だから、「物理的なことが良い」とする設計感覚はすぐに捨てるべきである。物理的であることが人間にとってどういう感覚であるかを考えることを放棄してしまうからだ。たとえば携帯電話のハードウェアキーのほうが押しやすいことは、本当に物理的であることだからだろうか？　仮に「押しやすさ」はかなり良いとしても、物質である以上、情報的設計の自由度はなく、身体への帰属も自由度がそこで止まってしまう。

「物理的なこと」は、皮膚感覚や匂いなどの次元の感覚が伴うためにメリットもあるかもしれないが、情報的設計から自己帰属感を提示できることからすれば、コンピュータというメタメディアを物理的な発想で設計することは、ごく限られた設計方法のひとつでしかないのだ。

MITメディアラボの石井裕教授率いるタンジブルメディアグループは、タンジブルというアプローチを考案している。「手に掴める」というタンジブルこそがリアリティで、それがインターフェイスの理想的なあり方であるとし、その後、物質そのものを情報化する試み「ラディカルアトム」について説いた。たしかにそれは、デジタル情報やメタメディアへ輪郭を与えて人々の体験とする方法としては直球的でわかりやすいアプローチである。しかし、タンジブルやラディカルアトムという設計を「物理的であることが重要」として読み取ってしまうと、自己帰属の可能性を狭めてしまう。石井氏のこのGUI→TUI→RADICAL ATOMSは、後者ほど進化と解釈し、その未来を考えるのはひとつの面白い方向性ではあるものの、GUIやビデオゲームのコントローラといった比較的単純なものであっても、豊かな体験を得られていることをよく考えてみるべきだろう。

今、私たちは、コンピュータによって情報をデザインできる。だから、自己帰属とその体験という設計方針にもとづいて、物質も情報も区別せずに設計する時なのである。

第４章

情報の道具化——インターネット前提の道具のあり方

実世界へ直接働きかけるインターフェイスへ

前章「情報の身体化」では、インターフェイスの透明性をスタート地点として、カーソルの話を事例の中心に置きながら、身体へと自己帰属する手法について考察し、身体と情報技術をどう融け合わせるかをテーマにした。情報を身体化すると言うと、ウェアラブル機器のような物理的なイメージを持っていた人もいたかもしれないが、ここでは人の知覚という観点から見た場合での情報と身体の接続だった。この情報の身体化は、インターフェイス設計や体験設計の基礎になるものだ。

さて、本章では「情報の道具化」をテーマとする。情報の道具化とは、「情報を道具のように使う」という意味だ。広く普及したパソコンを使う私たちにとっては、情報は「見る対象」だったり「編集する対象」であるかもしれない。だから、この場合「道具」というのはパソコンそのもので、情報を編集加工する道具として考えることが多いと思う。しかし時代は変わってきている。

インターネットの普及やユビキタスという考え方の結果、私たちはどこでもネット上の情報を利用可能になった。最初それはデスクトップパソコンの前で、ウェブブラウザを通して利用できるようになった。そして次にスマートフォンで、使いやすいインターフェイスを持ったアプリケーションを通して利用できるようになった。「情報の道具化」というのは、この先の「情報自体を道具として利用する手法、考え方」である。

ウェブブラウザの限界

私たちは数百年前より本を読むことで知識を得てきた。しかし本から利益を得るためには、当たり前だが人がその情報を理解し、それに基づいて行動しなければならない。ウェブも同じだ。仮にどんなに情報検索が高速化し、質の高い情報が得られるようになっても、その恩恵を受けるためにはやはり「人間が」情報を正しく理解し、それに基づき「人間が」行動する必要がある。つまり、本やウェブとのインタラクションは、「情報を得る→理解する→行動して問題に適用する」というプロセスをたどることになるわけだ。したがって、どんなに優れたレシピ検索や検索エンジンがあっても、ウェブと現在のコンピュータのあり方では「情報を得る」ところまでなのだ。しかも、当然だがパソコンの前に行ったり起動したりしなければならない。

ここ十数年でネットワーク環境は安定的に高速化し、ウェブは爆発的に発展した。ウェブにアクセスすることは、パソコンを使う理由の大きな目的のひとつとなった。しかし、当然ながらパソコンというデバイスはウェブのために設計された装置ではない。ブラウザがいかに進化しようとも、パソコンという枠組みの中にある以上、ウェブにある情報を直接的に生活に役立てようとする発想にはなれないのだ。ところが近年、少し状況が変わってきた。それは、スマートフォンとタブレット型コンピュータの登場だ。これによって、私たちは徐々にブラウザを使わなくなってきている。

ブラウザからアプリケーションへ

デスクトップパソコンからノートパソコン、そしてスマートフォンやタブレットになり、バッテリーも長持ちし、ワイヤレスでネットワークに接続できることが日常となった。このことによって大きく変わることがある。それは利用の文脈だ。

デスクトップパソコンは、部屋のある一定の場所に設置したら、よほどのことがない限り移動はさせない。ノートパソコンでは少しそれが自由になり、好きな場所で情報を参照したり作業できるようになった。さらにスマートフォンではどうだろうか。デスクトップパソコンとは逆に固定されることはなく、持って歩くことが普通となった。こうなってくると、たとえばキッチンや寝室、あるいは道端であっても常に利用できる状態となる。

どこでも利用できるがゆえに、ユーザにとってはその場に応じた情報活用が望まれてくる。このとき、ブラウザという「なんでも情報閲覧サービス」よりも、キッチンなら料理をするために特化した「アプリケーション」というスタイルが適した状態になる。言い換えると、設計方針が文脈依存へと変わってきたのだ。このような状況では、PCに向かってブラウザでサービスを受けるという考え方から、日常のさまざまな文脈でより効率的に問題解決をする道具としてウェブを使うという発想に変化していかなければならないだろう。

たとえば地図アプリはその先駆けと言える。これまでは、家でパソコンを使って地図を見て、必要な部分を印刷してそれを持ち歩いていた。しかし今では、スマートフォンで地図を見ながらリアルタイムにナビゲーションを受けながら歩く。これはまったく体験が異なるものだ。

Twitter——文脈依存の高い、メタファにない新しい概念

地図アプリに並び、文脈を活かしたサービスがTwitterだ。しかし、地図アプリと違って、「ナビゲーション」のようなメタファがない。たとえば「Twitterって何ですか?」と聞かれても、それが何であるかを説明するのが難しいだろう。それは、過去から類推可能な文化や価値を私たちが経験していない(見立てられない)からだ。Twitterがなぜこれほどまでに普及したのかは、インターネットとワイヤレスネットワークを背景に、人々がどこでも持ち運べるスマートフォンによって、デスクトップパソコン以上に「多様なコンテクスト」で、「個人が」スマートフォンを利用するために、「ただ発言すること」が意味をもたらすことになったためだ。

今後、Twitterのようにこれまでにない新しい概念のサービスやアプリケーションが次々と登場するだろう。インターネットやスマートフォン前提のアプリケーション、インターフェイスはまだまだこれからなのだ。しかも、これからは、非電化製品へのインターネットの接続がやってくる。つまり、

コンピュータのインターフェイスというよりも、「インターネットのインターフェイス」ということを考える時代となっているのだ。

では、インターネットのインターフェイスを考えるとはどういうことだろう。ブラウザでは何が問題なのだろうか。ブラウザで検索して情報が得られて便利で、それ以上に何があるというのだろうか。けれどもブラウザには大きな欠点がある。それは、画面の中の「情報」でとどまっている、ということだ。

アプリケーションから実世界へ

スマートフォンやタブレットが日常のあらゆる場面で使われるようになり、日常の問題はその場で解決できるようになってきた。しかし、それでもまだ「情報を得て人間が行動し、問題を解決する」というモデルからは逃れることができていない。重要なことは、情報を得ることではなく、問題を解決することなのに。

それでは、どうやって問題を直接解決しうる方法があるのか。それは端的に言えば、アプリケーションがよりデバイスと連動し、ネット上のデータが「実世界に直接的に働きかけること」が必要だ。先述の地図のナビゲーションはその例のひとつであり、地図を調べて印刷して持ち歩き、今の自分の場所を確認しながら歩くという体験から、スマートフォンの画面を見て指示通りに歩くというように、体験が大きく変わる。つまりアプリケーションの次の世界がそこにある。

ウェブブラウザとのインタラクションは事務処理時代メタファ

インターネットがさらに面白くなるのは、このような、ウェブブラウザを中心としないネットになってからだと筆者は考えている。多くの人は、インターネット＝ウェブと考えがちであるが、ウェブはインターネットという仕組みのなかのひとつのアプリケーションでしかない。しかもウェブブラウザのモデルは、現在のコンピュータのかたち、すなわちキーボードとテレビというオフィスワークや事務処理のメタファの延長線上にあるものだ。今のウェブブラウザは、いわば巨大な人類の図書館というイメージだ。このかたちは、コンピュータが知的増幅装置として利用できるという思想のもとで設計されていることによる。その発想では、たしかにキーボードと画面というインターフェイスでよいかもしれない。しかしこの設計思想では、ユビキタスコンピューティングやInternet of Things(IoT：モノのインターネット）のように、さまざまな物にネットがつながることを想定していないし、センサネットワークなどの発想もない。こうして私たちがスマートフォンを毎日使って、しかもウェブブラウザというインターフェイスよりもアプリケーションというインターフェイスで人々がネットと接するとはあまり考えられていなかったものなのだ。だから今、私たちは、インターネットのインターフェイスをどうするかのデザインが問われている。すなわち、インターネットのインターフェイスがウェブブラウザ以外になることを前提にした新しいデザインを考えることが、これからの私たちの挑戦なのだ。

インターネットのインターフェイス／インタラクション

ヒューマンインターフェイスの研究は、道具、機械(Man Machine Interface)、コンピュータ(Human Computer Interaction) と、対象を変えながら進化してきた。今、そしてこれから課題になるのは、インターネットのインターフェイス／インタラクション (Human Internet Interaction) 研究である。

私たちが目の前で接しているのはコンピュータであるが、今私たちがコンピュータを利用する大きな理由はインターネットの存在である。実際、MicrosoftのWindows 95が登場し、それが普及するきっかけになったのも、インターネットとウェブによって誰もがネットサーフィンを簡単にできるようなったことが背景のひとつにある。つまりウェブは、パソコン普及のための「キラーアプリケーション」であった。第1章で述べたように、コンピュータの本質はメタメディアであるゆえに、人々にと

道具の誕生〜	道具のインターフェイス（MMI）
産業革命	機械のインターフェイス（MMI）
1960年以降	コンピュータのインターフェイス（HCI）
2000年以降	インターネットのインターフェイス（HII）

インターフェイスデザインの対象の変化

っての価値はアプリケーションが決める。特にウェブのようにキラーとなるようなアプリケーションは、メタメディアの進化の方向性をも変える。パソコンによって使われ始めたインターネットとウェブは、現在ではスマートフォンでの利用というスタイルになり、多くのアプリケーションはネットワーク接続が前提になっている。しかしインターネットの歴史はそれほど長くないし、ましてやインターネット前提のアプリケーションの歴史はまだ始まったばかりだ。そして、当然ながらインターネット前提のインターフェイスやインタラクションのあり方も、ほとんどない状態が今日である。これはつまり、少し乱暴な言い方かもしれないが、今は何をやっても新しいと言えるほどの黎明期なのだ。今日のインターフェイスやインタラクションは、これまでの人間の文化のメタファを引きずっているが、ようやくTwitterなど、これまでの人間文化にはなかったような部類のアプリケーションが現れ始め、そのユーザインターフェイスもまた新しい考え方の元でデザインされつつある。

ググるは易く、行うは難し

ウェブ上には様々な形式のデータが集積され、共有されている。また、常時接続の無線ネットワークやモバイルデバイスにより、人々はいつでもどこでも、あることを「知る」ことは容易になった。そして人々は知り得た情報を利用し、効率良く自身にメリットのあるように行動できるようになった。

しかしながら、どんなに価値ある情報がウェブに集積し、検索効率が向上しようとも、その情報を目先の対象の問題解決に利用するためには、人が行動し問題に適用しなければならなかった。たとえば、おいしい和食のレシピデータがあっても、それを知っただけで料理ができるわけでは当然なく、それにもとづき人が調理を実行しなければその料理は実現しない。しかも人がそのデータの解釈を間違えたり見間違えなどをしてしまえば、その通りに実現することはできない。つまりデータの視点から見ると、人の行為が介在しなければ、実世界の問題に対してデータを適用することができないのだ。そして、そこには人の知覚や身体能力、感覚、解釈などが介在してくる。ポジティブに捉えれば、人が介在することは問題に対して工夫したり状況にうまく対応できる柔軟性として捉えることもできるが、一方でネガティブに捉えれば、それは人が情報を見ることへの注意力や的確な行動力を問われることであり、状況によっては人への負荷になるとも考えることができる。

メリット／デメリットについては議論はあるものの、ウェブなど膨大なデータが利用可能状態であるにもかかわらず、そのほとんどを人が注意深く介在しなければ問題に適用できないインタラクションモデルでは、情報資源の活用という点ではボトルネックになってしまう。このような、検索が容易になったことですぐ情報を得られるようになっても、それにもとづき行動しなければならないことを、「言うは易く、行うは難し」にたとえて「ググるは易く、行うは難し」と筆者は呼んでいる。要するに、データが実世界に対して間接的であることが問題であり、その解決方法が必要になるのだ。

そこで筆者は、人々が利用する道具自体にウェブ上のデータを結びつけ、物理的に制約を与えて、人の行動を直接的に支援する考え方である「情報の道具化」を提案し、試作研究している。

情報の道具化の事例

では、情報の道具化とは具体的にどういうことだろうか。ここからは、筆者の試作「smoon」「Integlass」「LengthPrinter」という3つのシステムを紹介しながら考えていく。

smoon

まず、「smoon」という計量スプーンを紹介する。これは、物理的に変形するロボット型計量スプーンである。物理的に変形することで、計量すべきサイズに変形し、対象の量を的確に計量できるものだ。デジタル化されたレシピ情報に基づき適量を得られるように変形することで、ユーザー自身は計量行為と計量意識が不要になる。つまりユーザーは、smoonを利用すれば、対象をすくうだけでレシピの表記や適切な量を考えずに調理することが実現できるようになるのだ。

調理は、具材や調味料の量を間違えると味が大きく変化したり、うまく膨らまない、焼けないなど

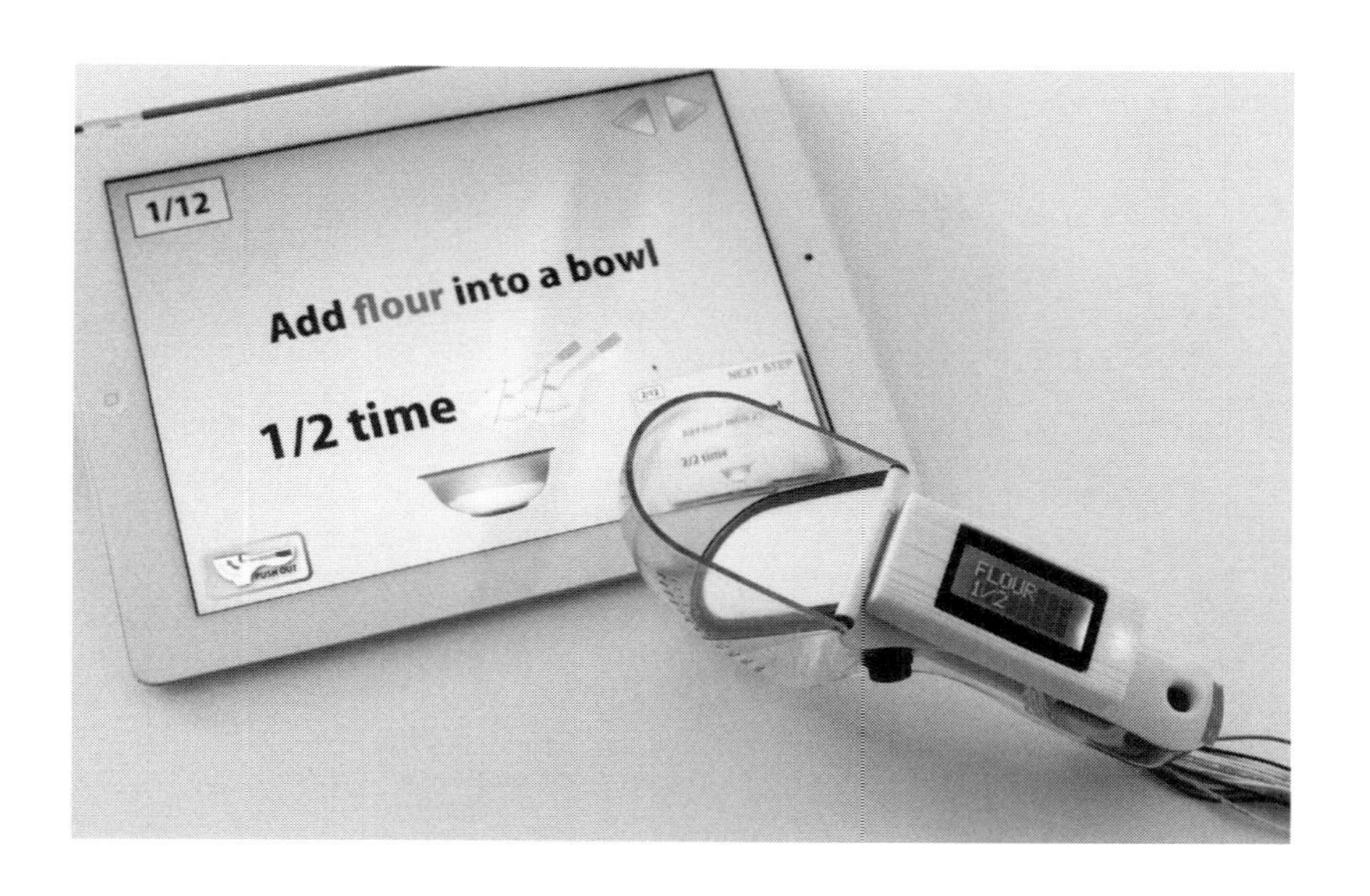

smoon http://www.persistent.org/smoon.html

の問題が発生する。特に初めて作る料理では、レシピを見ながら慎重に適切な量を入れなければ失敗してしまうこともある。そのうえレシピの量の表記はグラムであったりccであったり、〜カップ、〜さじなどといった具合に量と体積が混在していたりと表記もさまざまで、なかなかわかりにくいものだ。さらに、その表記に合わせて計量カップや計量スプーンを利用し、適切な量を計量する必要がある。こういったことは、初心者や新しいレシピへ挑戦する際への障壁のひとつとなっているだろう。smoonはこういった課題を解決するものである。

Integlass

smoonは物理的制約によって容量に制限をつくる。しかしモーターを内蔵するため高価になりがちだったり、メンテナンスなどを考えるとデメリットもあった。そこで開発したのが、「Integlass」という計量カップだ。

Integlassは、スマートフォンを計量カップに取り付けることで、計量カップの目盛りの代わりになるようにしたものだ。取り付けたスマートフォンがレシピデータの中で使う液体などの容量を可視化し、ユーザは目盛りを読まずとも、「そこまで入れればいい」ということだけで計量できる。これによってウェブ上の情報の利用をスムースにする。Integlassはスマートフォンを利用しているため、斜

Integlass　http://high-awareness.org/products/integlass/integlass.html

めにしても、内蔵されている加速度センサが計量すべき容量の水平を表示してくれるので、平らではない場所でも計ることができる。

LengthPrinter

smoonやIntegrassは、ウェブやデジタルの体積を取り出すものであった。同じように、「長さ」についても実世界に簡単に取り出して利用できないかと考え試作したのが、1次元プリンタ「LengthPrinter」だ。ウェブで家具などの買い物をしていると、実寸の大きさは把握しにくいという問題がある。たとえば42インチのテレビのサイズと言われてもピンとこないだろう。そのため、仕様の寸法を読んで、部屋の置きたい場所でメジャーを使って大きさを確認することになるわけだが、メジャーは基本的には1つだけであるため、縦横奥行きの全体の大きさを把握は難しい。

LengthPrinterは、貼って剥がせるマスキングテープを素材として、ユーザーはテープディスペンサーのような装置からテープを引っ張り出すだけで、自動的に製品の寸法の長さにカットしてくる。これを床や壁に貼ることによって、買いたい本棚の大きさや、42インチのテレビがどれくらいの大きさなのかといったことを、部屋の中で実際に「大きすぎる、小さすぎる、ぴったりである」と実感することができるようになるのだ。

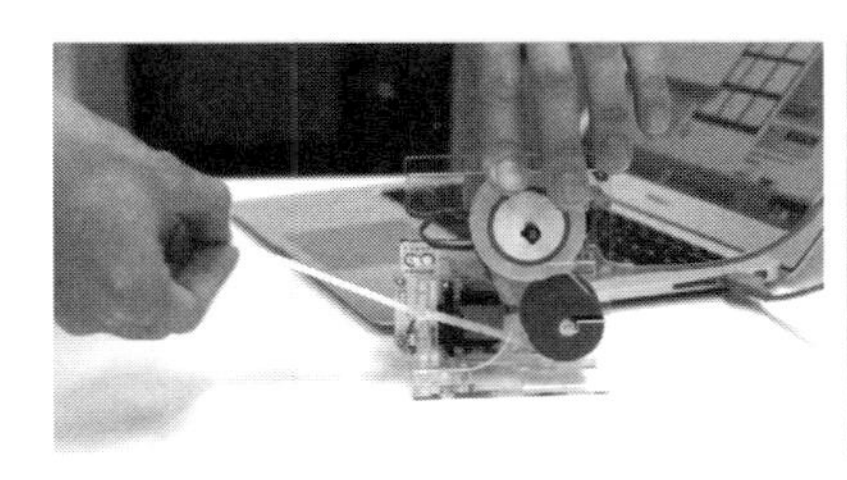

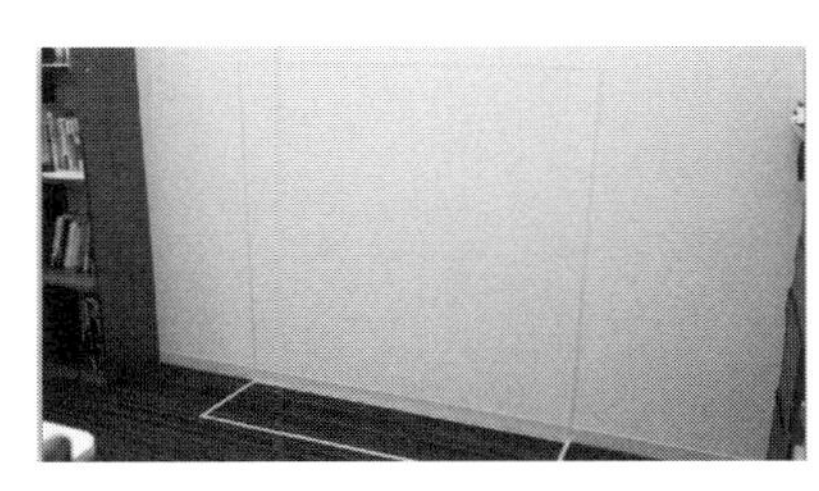

LengthPrinter http://www.persistent.org/lenghtprinter.html

smoon、Integlass、LengthPrinterと、それぞれは単機能ではあるが、いずれもインターネット前提の設計であり、ウェブで共有された人々の知識を誰でも簡単に道具として実世界の作業に利用できる。こういった道具のあり方は、段階としてはスマートフォンの次であると言える。

パソコンと違い、スマートフォンやタブレットは小型軽量でバッテリーも持続するため、印刷せずに問題解決を行う場所に持ち込むことができるようになった。一見、当然のことに思えるかもしれないが、問題解決を行う現場ですぐに情報検索を行い、それを利用できることは、問題解決に即応的であるばかりでなく、ウェブ側から見ても情報が活用されやすいことを意味する。今後は、ググるも易く、行うも易い世界がインターネットの力をさらに引き出し、人々の生活の質を向上させていくはずだ。

ネット前提の設計

情報を問題解決の道具のように利用するという考え方になるのは、今後の多くの機器の設計がインターネットを前提とするためである。インターネットを前提とするというのは、知識情報を常に人類で共有し、いつでも利用可能な状態にするという考え方である。既に私たちはほとんどの仕事や学びやコミュニケーションをインターネットやその上でのウェブを通じて行っている。しかし現在はまだウェブと物理世界で問題解決をするための道具は分かれているため、知ることと、実際に問題解決のために道具を使用することの間には、人間が欠かせない。ウェブ上には問題解決のための情報が膨大にあり、検索も高速に行えるが、実世界での問題解決は、人間がそれを理解し行動しなければならない。その点では、ウェブの性能にとっては「人間の行動」の介在こそボトルネックとなりかねないのだ。人間が情報を理解し行動するということは、「ウェブ上の情報をデコードする作業」とも捉えることができる。つまり、デジタル化やクラウド化は、実世界で起きた問題解決のノウハウを形式的な知識情報に落とすエンコードであったと捉えることができる。

インターネットを前提とした道具というと、IoT、「モノのインターネット」という発想があり、どちらかというとデバイスのネットワーク接続とセンシングがイメージされるが、道具への知識の直接適用もまた、IoTのテーマなのである。

紹介した3つのシステムのように、情報を何らかのかたちで物理的に作用するようにするか、あるいは人間の行動をより直接的に支援するような情報の利用方法が、これからさらに多様な分野で現れるだろう。なぜなら、ウェブがここまで大きなポテンシャルを持つ以上、その活用は大きな課題であり、そのテクノロジーのあり方は物理的世界にまで直接的に干渉が及ぶと考えられるからだ。このような際、アクチュエータを中心としたロボット技術の利用が有効な問題解決手法となると考えている。

筆者が「情報の道具化」と呼んでいるのは、この「情報の物理的作用や行動の直接的支援」のためのインタラクションだ。情報を知識として人が理解し、その理解に基づき行動をするのではなく、情報が直接的に道具として利用可能な状態にすることを目指すのだ。これにより、人間が情報を利用する負荷を軽減し、ウェブの力を利用しながら行動を支援したり、情報に基づく直接的な問題解決が期待できる。

単位のデコード

情報の道具化を少しメタに考えてみよう。紹介した3つの試作システムをメタに捉えると、共通しているのは、つまり「単位のデコード」である。

長さや量などの物理量は、文章として一般化するために、cmやccといったような単位を用いて記号化（エンコード）される。近年ではデジタルメジャーがあり、物量をデジタルに記号化するツールは一般にも広く流通しているが、こういった単位を元の物理量に戻すために個人が家庭で利用できるようなツールはほとんど存在していない。こうした道具を用いれば、ウェブの情報を定規や計量カップを利用することなく、つまり数字を意識することなく単純な行為で利用可能になることが特徴である。単位は他にも質量があり、質量情報は家具や家電にもあるが、当然ウェブ上では実感することができない。今後はこういった質量のデコードも考えられる。

人々は、言語や数字によって現象を記号化し、その記号を現象の伝達手段とすることで、物事の正確な伝達を実現している。そして人類は、様々なメディアを通じてそれを蓄積してきた。考えや感覚を言葉によって表現する記号化もあれば、計測機器を利用することによる記号化もある。特にコンピュータの登場によって、次ページの図の①の部分はデジタル化されるようになった。デジタル化は、人々がキーボードを使って文字を入力することによって行われることもあれば、デジタル化された計測装置によっても行われることもある。そしてデジタル化されたデータは、計算機によって瞬時に検索したり加工編集したり、あるいはネットワークによって瞬時に世界中で共有可能になった。

記号化されたデータは、人々が「読む」ことによって意味を解釈し行動に利用する。あるいは再度計測装置を利用することによって記号を物理量として取り出すことができる。たとえば、定規は記号化する際にも利用するが、記号を物理的長さとして取り出す場合にも利用する。

情報の道具化はつまり、物理量を取り出すために利用する道具について再考することである。記号化されたデータの利用は、工場で利用される産業向けの機器を除けば、ほとんど多くの場合は人間の行動の介在によって実現されている。現象や実体を機器が自動的に記号化するように、その逆、記号化した情報を機器が自動的に現象や実体する方法があってもよいはずだ。図の②の部分において利用

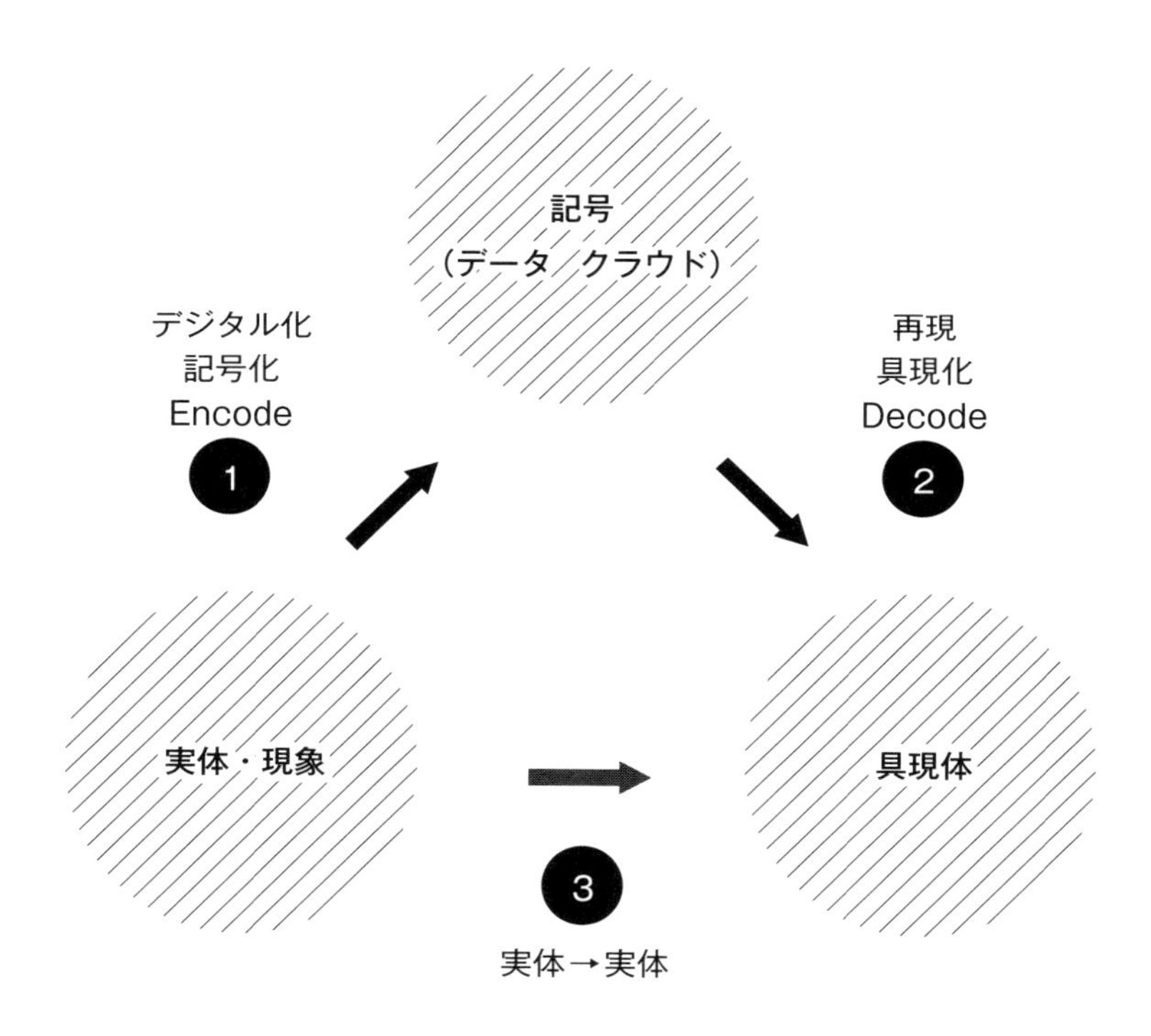

情報のエンコード、デコード

される情報をどのように道具化するかがテーマになる。

なお、今日家庭でもよく使われている装置で、情報を物理量として取り出せる装置がある。それは（家庭用）プリンタである。たとえば100平方センチの面積をプリントすれば、正確にその広さを取り出すことができる。あるいは、紙飛行機であれば、折り方の手順や折り線を印刷することによって、その通りに人が折ることで、設計図を見て人が折るよりも容易に紙飛行機を作ることができるだろう。とはいえ、プリンタは実寸を取り出すために使われることよりも、画面の内容のコピーを持ち運ぶために利用することの方が多く、この発想で使われることは少ない。

将来的にデジタル化される情報はますます増えるだろう。しかしその利用が人の手によって実現されるものであるのなら、情報の活用は進んでいかない。図の②の部分が加速するほど、実際に人々のアイデアはより環境に適用され、問題解決も進むはずだ。したがって、これは人々の文明の発達という点から見ても重要なテーマとなる部分なのである。

情報の道具化が進むと、図の③の流れの可能性について議論できるようになる。現在は、記号化すると書物なりウェブなりに、メディアに文字列として記号化され、それを人が管理する案配である。しかし③では、デジタル化される装置と、それを実体化する装置が直接連動し、人は記号化された情報を見ることなく、実体⇕実体のコピーが可能になる。たとえば、J. LeesらによるHandSCAPEという3Dモデルを計測可能なデジタルメジャーが提案されているが、HandSCAPEとLengthPrinterを直接通信させれば、電話で「このくらいの大きさの下駄箱を買おうと思っているのだけど、家の玄関に入る？」というやりとりをするだけで、人は数値情報を用いずに実際のサイズ同士での伝達が可能になる。

暗黙性とインターフェイス

情報の道具化はブラウザの新しいかたちでもあり、インターネットを前提とした新しい道具のかたちだ。世界中の知識は道具に瞬時に反映され、道具を利用すればまた、センサ情報や利用情報としてインターネット上に集約される世界である。

たとえば、ホンダの「インターナビ」というカーナビは、車が走行すると経路情報を集約し、その結果をカーナビとしてまた再利用する仕組みを持つ。こういった、道具やサービス利用が同時に情報をセンシングするというモデルは、Googleのサービスなどを代表とする魅力的な情報サービスやアプリケーションを提供し、それを多くの人が利用することで、ビッグデータとして統計的に情報を処理することでさらに洗練され、常に魅力的なサービスを提供し続ける。魅力的なアプリケーション、使いやすいインターフェイスは、単純にユーザーの体験のためだけではなく、ノイズのないユーザーの操作履歴の取得にとっても重要な役割を持っているのである。

インターネット前提時代のセンシング

良い情報システム（アプリケーション、サービス）とは、人にとって楽しく、使い続けたいと思わせる魅力を持っていることが必要だ。そうでなければ、情報システムは人々の行動などのデータを集めることがそもそもできない。技術レベルから発想すると、さまざまなセンサーを家電や環境に取り付ければ「こういうことがわかる！」と説明してしまうが、結果的に恩恵が受けられるとしても、ユーザーからすれば「なんでそんなことを知られなきゃいけないのか、監視されているだけだ」とも感じかねない。また、腕輪型のウェアラブルなデバイスで1日の活動量がわかるといっても、「わかる」だけでは、腕につけなければならないというインタラクションコストを下回ることはできない。だから企業側は、まず価値の高いサービスを提供し、そのユーザーが利用する結果に生じるデータをセンシングする必要がある。そしてそのセンシングデータはユーザーのために使われる必要がある。第3章で、人間も知覚と行為は切り離せないという「知覚行為循環」について述べたが、情報システムもまた循環的であるべきで、そういった設計が、インターネットを前提としたサービスやアプリケーションを持続させるうえで重要になってきているのである。

暗黙的な行為を形式知に変える役割としてのインターフェイス

人々が利用するインターフェイスの設計は、ビッグデータにも影響を及ぼす。なぜならインターフェイスは操作や行為を提供し、操作と行為のログデータが意味を持つからだ。センサというと、光センサや温度センサなどをイメージしがちであるが、インターフェイスの提供による操作や行為もまた、その記録を行えばセンサとみなすことができる。むしろインターフェイスの設計次第では、温度や光などでは取れないような比較的リッチなデータが取れる。

たとえば、インターネットと車の融合というプロジェクトが2000年ごろにあった。そこでは、東京で走る車のワイパーのON/OFFや強さを位置情報と合わせて地図にマッピングすると、雨がどこでどれくらいの強さで降っているのかがわかるようになるといった取り組みが行われていた。これは、雨のセンサをつけたり、人に雨が降ってきたことを入力させているわけではない。「雨が降ってきたから、ワイパーで窓の水を拭き取ろう」という、車を運転する人間のごく自然で当たり前の行為を利用することで、それがインターネットを通じて集合すると、雨センサではなかったものが雨センサとして働くという設計である。

また、Googleの検索アルゴリズムページランクも、人々がウェブページ間につくるリンクによってページの価値を評価している。関連するページにリンクを貼る行為は、コンピュータには簡単にはできなかったため、人が判断して行っている部分を、アルゴリズムの評価として利用したわけだ。リンクを作るという行為は、ウェブという形式の登場によって提供される行為であり、そこに意味が発生していると捉えたところが肝だ。

これらの方法は「人間が普段行っている行為」に着目し、そこからデータを取得しているものだ。つまり、暗黙的な人間の活動に、インターフェイスを提供し、行動として顕在化させたり、アルゴリズムに置き換えたわけだ。人間の知性は、何らかのモノや周辺と接触するときに表出する。厳密に言えば、私たち人間は常に具体的な環境の中にいる。それゆえユーザーの行為には常に意味があり、行為は常にある特定の環境と相補的な関係で露わになる。

その意味をどれだけコンピュータが把握できるようにするかが鍵となる。ここで重要なのは、ユーザーの行為の意味を解釈するのは設計者であって、コンピュータではないことだ。少なくとも今日、人間を最もよく知っているのは人間自身である。したがって、設計者は観察によってユーザーの暗黙的な行為の中の意味を発見し、そういった行為の意味を汲み取るためのインターフェイスやインタラクションの仕組みづくりをすることが求められる。こういったデータを集める役割としても、インターフェイスは重要なのである。

言い換えると、インターフェイスは「人間の暗黙知を形式知に変換する」役割を持っている。Googleのような画面ベースのインターフェイスはもちろんのこと、ハードウェアでもこうした方法はこれから一般的になる。むしろ、ネットに接続された多様なハードウェアの場合、その利用自体が意味を持つのだ。

つまり、あらゆるものにセンサが取り付けられ、ネットを通じてそのデータを集約していれば、ドアを開けた、カップを持った、置いたという比較的単純な情報が意味を持ってくるのだ。なぜなら、個々のセンシングを時系列に並べたり場所との関係性を持たせれば、文脈が見え、その意味が見えてくるからだ。たとえば喉が渇いたことをセンシングすることを考えてみると、直接喉に生体センサを取り付けて取得するというのはなかなか難しい。しかし、冷蔵庫を開けてペットボトルを取り出し、カップに何ミリリットル注いだかがわかれば、入れる量や何杯飲んだかで、行動の結果のセンシングから喉の渇き度合いを評価できるということだ。

ただこの時に注意しないといけないのは、個人の情報を搾取するようなサービス体系であってはならないということだ。たとえばいくつかのニュースキュレーションサービスでは、ユーザーがどんな記事をクリックしたかを取得することで、そのユーザーの興味があることを学習し、興味の合いそうな他の記事へのレコメンデーションに利用する。つまりユーザーの行為を取得するが、それを次の利用に活かすような仕組みを用いているわけだ。このような行為の取得と結果へのフィードバックループは、一方的な情報の搾取にならないためにも重要な設計である。

暗黙のレベルをよく理解し設計する

これからのデザインで重要になるのは、こういったセンシングやデータの取り扱い方の設計方法である。人に「わざわざ感」——あえて何かさせるような感覚を与えずに、「もともと感」——もともとそうする中で利用されるような設計が重要になってくる。人々に気づかれないようにセンシングしたり、結果的には入力操作になっていたり、それらが多重化して人々の生活を静かに支える仕組みである。だから、インターフェイスのデザイナーや研究者は、日常生活を解体し、人間の暗黙的行動を明示的に扱うことが求められるのである。

第５章

情報の環境化——インタラクションデザインの基礎

コンピュータ利用の文脈の変化

前章では「情報の道具化」、すなわちインターネットを前提とした新しい道具のあり方を示した。この道具化も、道具という意味では身体に近い話であったと思う。

一方、本章でのテーマは「情報の環境化」となる。身体や道具より少しだけ設計の範囲が広がることになる。しかし、ここで考える「環境」というのは、「人の知覚行為」に対する環境という視点である。

本章では、情報技術を環境へ融け込ませ、自然に情報を利用できるようにするために、動き続ける人間の視点、すなわち「行為・行動・活動」にもとづいた設計について考えていく。ネットでつながれた環境を前提に、情報やコンテンツと人の接点をどのように作るかに迫りたい。

インタラクションデザイン――人の活動とメディアの関係の設計

まず、第4章で述べたことを少し振り返ろう。デスクトップパソコンまでは、パソコンは移動せず、人がその前に座って使うことが前提であった。それゆえパソコンのソフトウェア設計は、パソコンを使うためにユーザーはパソコンの前に目的を持ってやって来て、ある作業を集中して行うということが暗黙の前提になっていた。なぜなら、パソコンやそのソフトウェアはもともとオフィスで仕事をするための装置として、その文脈において設計されているからだ。したがって、人に比較的集中して操作することを要求する設計となっている。そして、私たちはそれを家庭でも利用している。

しかし、それがタブレットやスマートフォンと小型化し、手軽な装置になると、「スマートフォンとしての機能」の設計というよりも、「生活の文脈」の中で「いつどこでどのようにどう使うか」が重要になってくる。たとえばカーナビやスマートフォンの地図サービスは、「移動している私」という文脈で設計された文脈指向のデザインのさきがけである。これらは、パソコンの機能としての設計ではなく、生活の中でそれがどのように人にとって機能してくるかという設計になっている。

つまり、設計の主体が「パソコン」から「生活」になったということになる。したがって、パソコンの中で起き得る範囲の設計でよかったことが、人の行動や活動、人の1日、1週間、1ヶ月、あるいは人生でそれがどう機能し、意味や価値をもたらすのかという設計に変わる。結果的にはプログラムを書きソフトウェアをつくるとしても、パソコンという装置、パソコンの中のソフトウェアの設計という話から、新しい生活をつくりだすソフトウェアとして、視点が少し広がるのだ。

こういった、人の活動とメディアの関係を設計することこそが「インタラクションデザイン」だ。UI設計は「パソコンの」UI設計であるため、モノ側に多くの設計要素が帰属しているが、インタラクションデザインは人間の生活側に設計要素の中心がある。したがって人間の振る舞いの理解がまず必要であり、そこに入り込む意味でのコンピュータの振る舞いの理解もまた必要なのだ。

情報技術を中心としたインタラクションデザインの目標は、ユビキタスコンピューティングの流れを汲めば、もはやパソコンやスマートフォンを使っているという意識がないまま直接コンピュータやインターネットの恩恵を受ける透明性をどうやって実現するか、ということなのだ。

行為・活動に融け込ませるデザイン

では、そういったコンピュータの存在を、どうやって透明にできるのだろうか。ユビキタスコンピューティングを提唱したマーク・ワイザーは、人の認知的な側面をいくつか例示しながらコンピュータのあり方の理想を述べたが、それは方向性だけであった。当時の技術から、タブ型（今日でいうRFIDの入った小型コンピュータ）、パッド型（今日でいうタブレット）、ボード型（大型スクリーン）というコンピュータの種類を提案し、それぞれがバックグラウンドで連携し利用される世界を想像した。この想像は、現在では一般的な家庭でも人々が利用しているくらい日常となっている。しかしマーク・ワイザーが目指した世界は、第2章で引用した文からもわかるように、人間の意識的側面だった。

ここで、同じく第2章で紹介した深澤直人氏の発想やギブソンの生態心理学的な考え方がヒントになるのだ。その考え方とは、「行為する人間」という人間の動的な姿（状態）である。つまり「人間は生きている限り止まらない行為をする存在である」という視点だ。文化レイヤや社会レイヤで人間を見てしまうと、文化的な意味や社会的な役割として記号的に人間を捉えることが多いため、この点はあまり意識されない。しかし現象レイヤで人間を考えると、人間を記号的に扱うことには意味がなく、より分解して人間を見る必要があることがわかるのだ。

動いている人間

ギブソンは、「動く」ということは特別なことに考えがちだが、止まっていることなど生涯なく、常に動いている存在であり、動くことこそ動物の本質であると言う。「いや、椅子に座って休憩しているときは止まっているじゃないか」と思うかもしれないが、生態心理学的に見ればそれは止まっていない。こういう、椅子に座るという休憩的な安静や停止も動きの一種であって、止まってはいない。もし人間が止まるということがあるとすれば、それは死んでいる状態である。ギブソンの生態心理学では、動いていることをそのように捉える。

ギブソンの生態心理学の特徴として、直接知覚と間接知覚については第2章で述べたが、この「動き」についての捉え方も、多くの心理学とは立場が異なっているものだ。一般的な心理学は、「見る」

ことはある止まった視点からの「見る」ことを「視覚」として捉え、その応用として動体視について研究する。しかしギブソンの場合は、「動いていること」が常であるのが人間や動物であり、動きの中の視覚こそリアルで通常の知覚である、という展開をする。「動かない人間は知覚が可能にならず、知覚は動くこと（行為）と表裏一体である」という主張である。これは第3章の知覚行為循環の話でもある。動くからこそ、環境は知覚できるのであり、動く時点でユニークに環境を露わにし、同時に自己の存在をも露わにする。

こういった「動き続ける人間」という視点で、プロダクトや情報システムの設計をすることが、インタラクションデザインの指針として使えるのだ。自己知覚や環境の知覚ほどミクロな観点ではまだデザインできるほどではないかもしれないが、「動き続ける」ことを指針として設計すること、あるいは「動きを阻害しないこと」は、生活の流れに融け込み、それが人間の意識にとっての透明性を得るデザインになる。

パソコンの前から、動きの中で情報と接する世界へ

2000年頃から、コンピュータのストレージ容量の増大化とインターネットの広がりにより、人々が扱える情報量が爆発的に増えた。しかしながら、その情報を扱う方法はパソコンの前であったり、

携帯電話といったスマートフォン利用時のみであり、場所も時間も大きな制約があって、コンピュータのストレージ容量やインターネットのポテンシャルを十分に引き出せてはいない。とにもかくにも「アクセス」が必要になってしまう。

今日の世界はインターネットが前提の社会であり、いくらでも情報が引き出せる状態である。しかし「情報が引き出せる」の主語がテクノロジー側にある。そのため、「パソコンの前で」というように、デバイスや情報が人に行為やスタイルを要求し、人を止めようとするインタラクションのスタイルになってしまっている。しかし、たとえば歩きスマホが問題となるように、人は動く中でも、得られるのであれば情報を得たいと思っており、今後は動きの中でどう情報を摂取するかが課題になるのだ。

時間／活動に融けるデザイン

では、どのように動き続ける人間とインターネット上にある膨大なコンテンツやサービスとの接点を作るか。それがテーマとなる。

ここからはまた、筆者の試作した事例を紹介することで、インターネットが中心で、マルチデバイスになった時代のインタラクションについて考えていきたい。目指すのは、「アクセス」という感覚をなくすことである。

筆者はまず、動き続ける人間を前提としながら膨大なコンテンツとの接点を作る方法として、コンテンツの持つ「時間性」に注目した。モバイルデバイスやユビキタス環境によって膨大な情報へいつでもアクセスできるとしても、アクセスした後のコンテンツを見たり聞いたりする消費行為に一定の時間がかかることには変わりがない。これが、コンテンツの持つ「時間性」である。そこでコンテンツの持つ時間性に着目して開発したのがCastOvenというシステムだ。

2008年に開発したCastOvenは、電子レンジの温め（調理）時間を利用して、ウェブ上にある動画コンテンツ（YouTube）を閲覧可能にするシステムである。ユーザーが温め時間を設定して調理を開始すると、その時間の長さに合わせた動画が電子レンジの前面にあるディスプレイで再生される。温め時間と同じ長さの動画が再生されるため、動画終了と同時に温めも終了するという仕組みだ。

この仕組みによって、生活の中での温めの待ち時間と、ウェブ上のコンテンツとの接点が作れる。温め時間とコンテンツの時間がぴったりであることが重要であり、長過ぎれば温めが終わってもそれを見続けなければならないし、短すぎれば温めを待つことになってしまう。温め時間ぴったりとなることによって、生活の流れを止めずにコンテンツを消費できるというインタラクションである。家庭の電子レンジでもいいかもしれないが、たとえばコンビニやスーパーの電子レンジでも自分で温めることは多く、温めている時間は他の場所にいるわけにもいかないから、そういった場面での利用が考

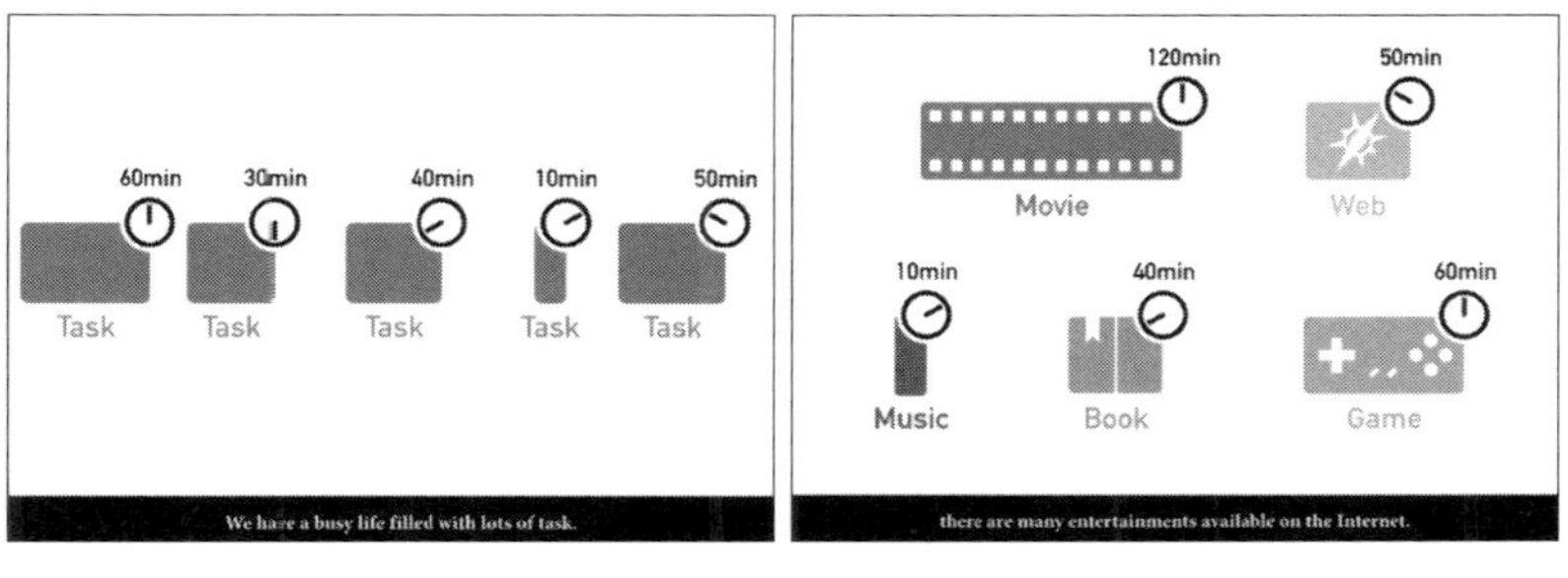

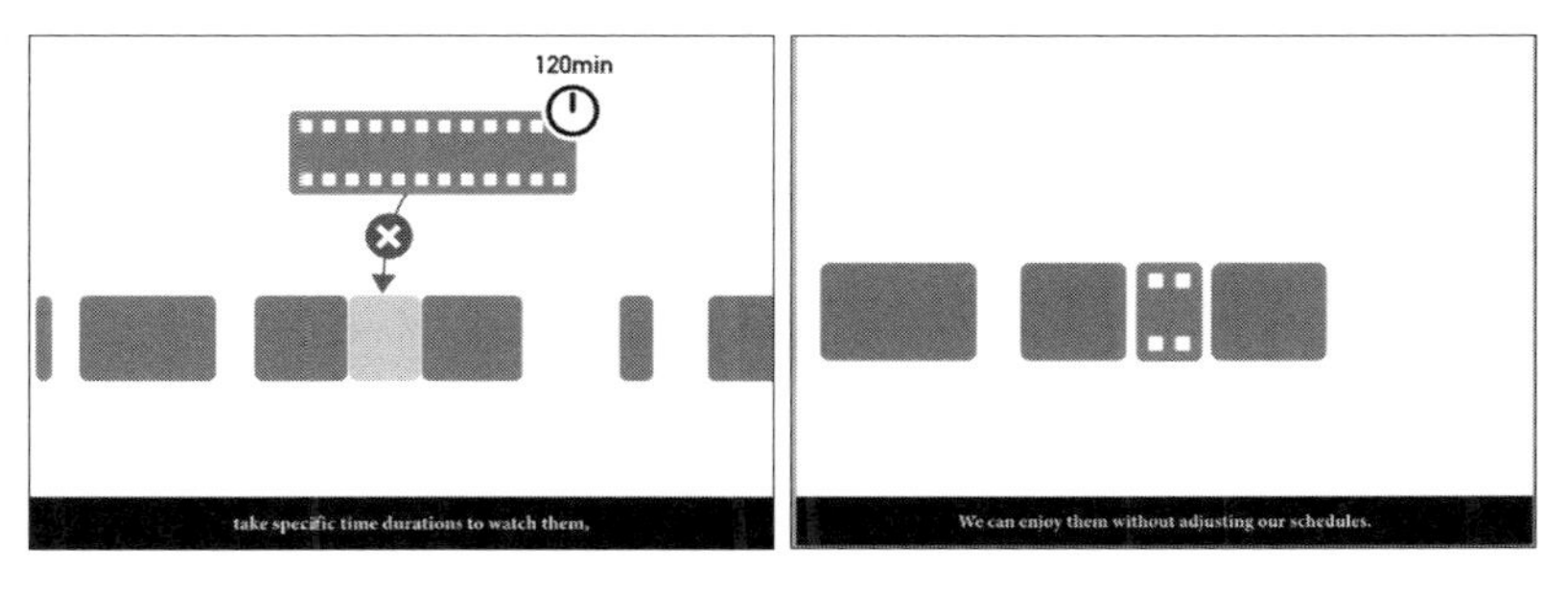

CastOven　http://www.persistent.org/castoven.html

えられるだろう。

CastOvenは、あくまで生活の流れの中でコンテンツとの接点をつくるコンセプトのプロトタイプだ。たとえば他には、電車の乗換案内サービスに表示される時間部分にその時間ぴったりのコンテンツを提示するという方法も考えられるだろう。そうすることで、乗車時間ぴったりのコンテンツが提示され、ぴったりであれば「ひとつのコンテンツを見終わると同時に乗り換え」というタイミングになる。

AppleのiPodやiPod touchなどにより、映像を何本も持ち歩くことが可能となったが、2時間の映画を東京のような交通網で観るチャンスはなかなかない。たとえば新宿駅から東京駅までの乗車時間は19分であるが、19分あるから映画を見始めようと思うだろうか。乗り換えが続いて、たとえば山梨へ移動するのであれば見始めるかもしれないが、19分しかない状態で2時間の映画を見始めようとはなかなか思わないのが実際だろう。

しかし逆に、19分で東京駅に着くタイミングで見終わるコンテンツが提案されれば、「見ようかな」とは思えるはずだ。もちろんここで重要なのは、絶対に見たい、絶対に見たくないというユーザー層を相手にするのではなく、少し暇で何かしてもいいかなというユーザー層である。電車の中吊り広告なども また、そういうユーザー層にリーチするものだろう。電車の移動という、ユーザー自らが時間を制御できない状況において情報を見えるようにしておくことで、ユーザー自身が興味あろうとなかろうと、時間があるがゆえになんとなく見てしまうことを狙った広告だ。

　この現象は、友人などとの待ち合わせで少し早めに待ち合わせ場所に着いた場合や、コンビニや本屋で立ち読みをするような状況にも似ている。そういった状況は、人が来るまでの時間をどうにかすることに対して優先度が高く、本来目的があってコンビニや本屋に行くのとはまったく異なる。電車にしても待ち合わせで待つ場合にしても、人は制御できない余暇時間を持つと、興味が高くない情報であっても自らそれを見ることを選択することがある。情報の価値は文脈によって高まったり下がったりもする。つまりどんなに面白いコンテンツであっても、時間がなければ情報の価値（優先度）は下がってしまうのだ。

時間の使いにくさ／使いやすさ──時間のデザインとメディア

　あらゆるコンテンツがデジタル化され、かつインターネット上に共有され、スマートフォンなどでいつでもどこでもコンテンツを見られる状態になった。その一方で、いつどこでどのようにそういったコンテンツを見るのかも問題になってきた。好きなときに見られるからいいじゃないかと思うかもしれない。しかしそれはモチベーションが高い人だけである。

　テレビはハードディスクをつなげばすぐに録画ができて、しかも1TBでも2TBでも記録ができるし、全チャンネルを録画できるものまである。しかし、面白そうだと思って録画しておいたドラマやドキュメンタリーを結局観なかったなんてことは多いのではないだろうか。あとで観るかもしれない。でも結局観ていない。このように、入手の容易性が高まる一方で、コンテンツ視聴のためのテクノロジーや方法は変わっていないために、観たかったコンテンツだけがただただ蓄積されてしまうのである。

特に、関わる時間が長いコンテンツにユーザーは躊躇してしまうことがある。筆者はこれを「時間の使いにくさ」と呼んでいる。道具の使いやすさ／使いにくさはヒューマンインターフェイス研究であるが、コンテンツや道具などの利用に関わる時間にも、同様に使いやすさ／使いにくさがあるのだ。たとえば大作のゲームの代表として『ドラゴンクエスト』と『ファイナルファンタジー』があるが、あるゲーム紹介サイトで「今作はクリアするのに60時間かかり、たっぷり遊べる」との内容の記事が掲載されたところ、それに対してウェブ上の掲示板ではユーザーたちが、「60時間は長すぎる」「割に合わない」「60時間とかありえない。そんな時間をかけたらどんな資格だって取れるのではないか」などといった、時間の長さについての議論を展開していた。これが興味深いのは、ゲームの内容ではなくクリアするのにかかる時間もユーザーは気にするということだ。しかもそんな大作ゲームがひとつではなく存在している。しかし当然、ユーザーの時間は限られている。だから、大作で、「やれば」面白いものなのだとしても、そしてお金があったとしてどんなゲームでも買えたとしても、クリアにかかる時間が長いことによって、ユーザーはやることを躊躇したり覚悟を要求することがあるということだ。これが、時間の使いにくさである。

しかもこれはコンテンツだけではない。道具の設計もそうなっている。この問題は、実はわりと大きい。あなたがもし魅力的なコンテンツを作ったとしても、そもそもやってもらうこと以前の問題、つまり「そのコンテンツや道具のユーザーになってもらう」以前の問題だからだ。

ある場所で活動することや、ある道具やメディアを利用することは、時間を使っているということと同時に「時間を奪われている」と考えることができる。今日のほとんどの道具の設計は、使ってもらうことが価値であり、使ってもらってこそ最大の製品価値が発揮できる仕組みを持つ。人はそれを使うことで利便や利益を手に入れる。したがって、道具やメディアは一時的であれ継続的であれ、人の時間を奪うことで対価を提供していると言える。現状のシステムは、人の積極的かつ能動的な参加があって初めて利便性を提供できる。これは別の見方をすれば、道具が暗黙的に人に対して「集中力」や「忠誠心」を求めている状態でもあるのだ。これをノーマンは『人を賢くする道具』の中で、「テクノロジーは人間に要求を課したり変化を強要し、テクノロジー固有の思考様式を押しつける」と指摘した。つまりテクノロジーには、制約やその前提条件と共に副作用もあるのだ。

このように、今日さまざまな道具やコンテンツは「ユーザーの時間を奪う」。つまり、利便性に伴う拘束性があるのだ。道具やサービスを利用することは、多かれ少なかれそのプロダクトのタイムマネジメントの下に人が入ることになる。そしてユーザーは、魅力的なコンテンツや便利なサービスであっても、躊躇したり、覚悟したり、あるいは「使わない」「使いにくい」と判断する。ではどうすればいいのか。

シングルインタラクションからパラレルインタラクションへ

本章の冒頭で、パソコンからスマートフォンへの移行という変化は、大きさの変化ではなく利用の文脈の変化だと述べた。そしてマルチデバイスと呼ばれるように、さまざまな端末でコンテンツが扱えるような環境にもになった。かつてテレビ番組はテレビで、音楽は音楽プレイヤーでと、コンテンツとデバイスは一対一の対応があった。しかし、デバイスの物理的な制約やバッテリー性能の向上によって、人々はいつでもテレビコンテンツでも音楽でも、スマートフォンで持ち歩くことができるようになった。それだけでなく、家では大画面でより臨場感の高い映像を楽しめるようにもなった。人々は臨場感を得たい、ゆったりとソファで見たい、複数人で楽しみたい、などの気分やスタイルによって、自由にコンテンツとインタラクトするようになった。デバイスの性能や物理的制約を受けなくなり、「デバイスの」コンテクストに依存しないスタイルとなったのである。

これによって、ユーザーインターフェイスの設計の常識が少し変わってくる。ユーザーインターフエイスの常識とは、「システムを使いたくて使っている人」や「操作している人」「手に持っている人」「その目の前にいる人」を暗黙のうちに前提にしていることである。そしてそのために、操作を提供するデザインを「ユーザーインターフェイス」と呼んでいる。したがって、「人はシステムに注意を向けていることは当然」として設計してしまう。その結果、テレビを観ながらお菓子を食べつつパソコンを操作しているユーザーであっても、そういった他のリソースに配慮せず、たとえばアラートを出せば人は必ずそれを見ることを当然のこととして考えてしまう。つまり暗黙的にインタラクションの拘束を前提に設計してしまっているのだ。

開発者をはじめ研究者たちのシステム設計の考え方には、「私のシステムを使っている限り、私のシステムは使いやすい」という暗黙の了解がある。したがって、ユーザーをいかに魅了し惹きつけるかという点で製品開発競争が起きる。その結果、システム自体の機能は肥大化し、ユーザーは拘束された状況になってしまう。

これは、コンテンツを扱えるデバイスの数が少ない状態では成立した。代表的にはテレビで、「テレビばかり観ていないで勉強しなさい」と言われてしまうような時代だった。人の時間を拘束的に奪うメディアはそれくらいだった。そういう時代のメディア設計は、ゲームでも音楽でも文章でも、人を惹きつけ魅了し、時間を奪うように設計されていても、メディアの物理特性上、テレビ、音楽プレイヤー、紙媒体と分かれているため全部を持ち運ぶことはできず、そのためそれらはライバルではなかった。だから個別に、適した人を魅了する設計でよかった。筆者はこれを「シングルインタラクション」と呼ぶ。シングルインタラクションは、できるだけ拘束し、その時間に最大限の利便性を提供する方針で設計される。現在のほとんどの道具の設計は、このような方針でなされていると言えるだろう。

しかし述べてきたように、コンテンツはネット上で共有され、スマートフォンなどのマルチメディアが扱えるデバイスが携帯電話、パソコン、デジタルテレビとあり、どんなデバイスからでもコンテンツにアクセス可能になった。つまりマルチデバイスの時代である。この世界は「パラレルインタラクション」なのだ。こういうパラレルインタラクションの世界では、文脈はデバイスから生活へ、拘束性は配慮へ、利用タイミングは集中から分散へとなる。

非拘束性の設計へ

これからは、拘束しないこと、つまり非拘束性を踏まえてコンテンツやメディアを設計する必要がある。たとえばスマートフォン上のゲームや任天堂DSといったモバイル環境のゲーム機器には、いつでもやめられる中断の仕組みが取り入れられている。これは、文脈が生活中心であるため、いつでもどこでもやりたいと思うからこそ、逆説的だが「いつでもやめられる」という仕組みを重要視した

シングルインタラクション

パラレルインタラクション

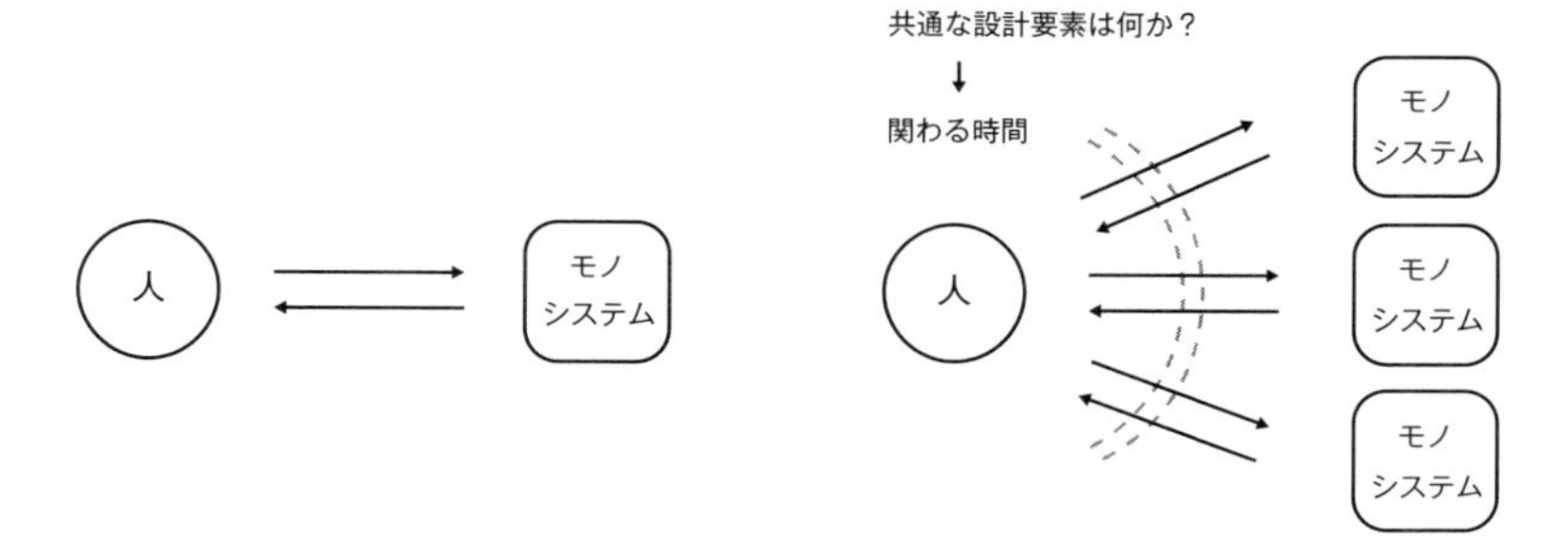

・できるだけ拘束し利便性を提供したい
・システム利用に伴う副作用（ノーマン）
・時間が奪われる→時間が使いにくい

・互いに、遠慮しても
　うまく生活に入り込ませたい
・配慮・遠慮→時間配分
・複数のシステムにわ たる
　メタな設計視点として時間

結果である。

今はまだ、コンテンツや道具のインタラクション設計の前提はシングルインタラクションの発想で考えられていることが多い。けれども、少しずつそうではないものも生まれ始めている。たとえば、かつてアラートは画面の真ん中に出してユーザーにOKボタンを押させて確認する方法が主流であったが、最近では「通知センター」という方法で画面の脇に通知を表示して、そこで一括して通知を一覧できるようにしていたりする。こういった人への通知方法も、「人は必ず画面を見ているとは限らない」という人の分散的な利用を前提にしたものと考えることができる。

プレユーザー

それにしても、「ユーザー」とは都合の良い言葉だ。設計者はパソコンやサービスを利用する人のことを「ユーザー」と言うが、そのユーザーというのはたとえばデジタルカメラを例にすると、デジカメを使っている最中の状態の人なのか、それとも買ってきて所有している状態の人もユーザーなのか、あるいはどちらもなのだろうか。その考え方はかなり曖昧だ。

つまり人の「使う」は、グラーデーションなのだ。たとえば、1．デジカメを買って、家に置いてある。2．鞄にいれて持ち歩く。3．デジカメを構えて写真を撮る。といったように、わかりやすいレベルでの「使う」はこのように分けられる。ユーザーインターフェイスの設計は、ほとんど3を対象としている。もちろん3の「使っている最中」が人のモチベーションは最も高いため、使いやすくなくてはユーザーにとっての不満が顕著に現れやすいが、3の意味でのユーザーになる時間は実は1、2に比べれば短い。この1、2の状態を、筆者は「プレユーザー」と呼んでいる。そしてプレユーザーインターフェイスという設計のあり方が導入できるのではないかと考えている。

デジカメのプレユーザーということを具体的に考えてみよう。プレユーザーに対するデジカメのあり方としては、バッテリーなどの問題をクリアできれば、フォトスタンドになるべきかもしれないし、出かける際に持って行ってほしいことをアピールするようなインタラクションもあっていいかもしれない。鞄の中でデジカメが位置情報に基づき「このあたりは多くの人が写真を撮っている」ことを知らせてくれて、プレユーザーに撮影を促すのもいいかもしれない。このように、自分が設計したり開発したものを利用している最中以外、プレユーザーである状態に何かできることや意義がないかを探ることは、製品やサービスの価値の最大化をするうえでも大切だ。

制約が生み出す非拘束性

パラレルインタラクションの時代の製品やサービスには「配慮」が必要だ。望まずに拘束性が高いものは嫌われる。Twitterの成功は、こういった配慮が効いていたからではないだろうか。かつてブログは個人メディアの代表だったこともあったが、全員がまとまった記事を書くほど発信したいとは思っていないし、時間もないわけだ。しかしTwitterは、メタファがなく説明がつかないものでありながらも大きな成功を収めた。これは140文字という「制限」があったからではないだろうか。つまりTwitterのサービスのあり方は、人々の生活を中心としつつ分散的であることを前提として、人を拘束しないように配慮されたメディアだったということだ。

人が特定の場所に行かなければならないとか、特定時間集中してもらわなければならないとか、そういったことは人の拘束につながる。映画は2時間というのは当たり前かもしれないが、それは映画館で上映するというビジネスのうえで成り立つものである。そういったスタイルがなくなるわけではないにしても、これまでは私たちがコンテンツやメディアの持つ特性に物理的にも時間的にも合わせてきたのだ。もちろん自らの意思で観たいから、体験したいからそうしているわけだが、限られた人生の中で増え続ける情報、コンテンツ、コミュニケーションとどう接するかを考えれば、時間という基準もコンテンツを選ぶ価値のひとつになることは間違いないだろう。

その製品やサービスはユーザーの時間をどう使うのか

ユーザーは製品やサービスを使いたくて使っているといっても、インタラクション設計においては、製品自体がユーザーの時間を奪ってしまうものとして設計するべきである。そして奪い方によっては、ユーザーに受け入れられないということをよく考えておくべきである。すなわち、あなたが設計している製品やサービスは、ユーザーの時間をどう使うのか、どう奪うのか、という視点を持つべきである。そしてここに「デザイン」があることを考えるべきである。

たとえばCastOvenでは、ユーザーの時間の隙間となっている待ち時間のほうに合わせてコンテンツを選ぶという方法をとった。これはメディアの形式に人が合わせるのではなく、コンテンツを人の普段の行いの中に合わせるという方法なのである。

「あなたのサービスはユーザーの生活のごく一部でしかない」ことを肝に銘じながら設計することが重要だ。ライバルは他のサービスやアプリケーションだけではない。人々の朝食時間や入浴時間、睡眠時間ですらあなたのサービスのライバルであり、同時にうまく共生していかなければならない巨大なプラットフォームなのだ。だから、「融けるデザイン」が必要なのである。

第6章

デザインの現象学

現象レイヤのデザイン論

第1章で、社会／文化／現象レイヤという区分けをし、本書では現象レイヤを中心に扱うと述べた。そして第2章では、その現象レイヤから「インターフェイスとは何か」を考察した。さらに第3、4、5章では、情報の「身体化、道具化、環境化」として事例を紹介した。どの章においても、現象レイヤあるいは文化レイヤとの境界あたりでの視点でインターフェイスを考察してきた。

テクノロジーの設計でありながらも、話題の中心は常に「人間」であったと思う。こういったテクノロジーの現象と人間の現象を同時に扱うことが極めて重要であると本書では一貫して述べてきたつもりだ。片方だけでは技術論のみで終わるか文化論のみで終わってしまう。設計に落とし込みたいからこそ、両方を同時に扱う必要があるのだ。ここに共通するアプローチは、テクノロジーにしても人間にしてもメカニズムがあることを踏まえたうえで、その現象を捉えようとすることだ。本章では「デザインの現象学」として、この人とテクノロジーのメカニズムの「現象」をうまく観察していく方法について考えていく。

デザインとは何だろうか

そもそもデザインとは何だろうか。第2章で紹介した深澤直人氏の「行為に相即するデザイン」をここで再び見てみよう。ここまで読み進めてきた方であれば、最初に読んだ時とはまた違った印象がこの文章から得られるのではないだろうか。

デザインを経験してから購入するのは難しい．経験価値はリアルな日々の生活のなかでしか受用できない．だからデザイナーは，モノが生活にどう辿り着き，どう生きていくかを予知できなければならない．経験価値とはデザインによって人間が知らなかったことを体験させるのではなく，知っていたことを気付かせることである．

インターフェイスという薄っぺらな流行語が蔓延する前からデザインはインターフェイスだった．身体全部でその価値を受け取っていた．自分が環境の一部を成しているという意識こそが，その環境に新たに投じられたデザインの波動を感じる力になる．

人間の思い込みを知って自己の思い込みを知り，生活のリアリティーを観ることからはじまり，環境に内包する無限の現象をデザインの価値に変換することによってモノをつくり出す体験を試みる．ニノとはコトでもある．大切な理解はそのモノもコトも生活の中のほんのわずかな部分であるという自覚である．

（「行為と相即するデザイン」、ICC ONLINE｜アーカイヴ｜2002年｜第8期NewSchool）

デザインとはインターフェイスを考えること

一見「インターフェイス」ということを批判しているように見える。しかしそうではなく、これはつまりデザインはインターフェイスであるということを言っている。深澤氏は『メディア環境論』の中で「プロダクトからインタフェースデザインへ」という論考を書いているが、そこでもインターフェイスはエレクトロニクス用語ではない（そう捉えるべきではない）と説明したうえで、デザインはインターフェイスであるとしている。おそらく、インターフェイスという考え方と言葉が、コンピュータの画面設計や機械の操作方法の設計のように受け取られていることに不満があると述べているのだと思う。深澤氏は、「プロダクトデザイン」と言うと物質としての人が扱う「対象」の方へ注意が行ってしまって物の設計論になってしまうところを、「インターフェイス」と言うことで関係の設計論に置き換えようとしているのだ。つまり深澤氏からすれば、「身体全体がインターフェイスで、そのインターフェイスの境界のもう一端は〈環境〉と呼ばれているもの」という関係でデザインを考えているということだ。

こういう発想は、コンピュータサイエンス系のインターフェイスデザインでも論じられていることではあるから、特別なことでもない。ひとまずここで重要なのは、「デザイン」といっても「インターフェイス」として考えるということだ。筆者自身もデザインはそういうものだと思っているし、そのつもりで「デザイン」をしてきた。とはいえ、こういういった身体全体がインターフェイスであるというような発想は一般的ではないし、そもそもインターフェイスという用語を知っている人もまだまだ少ない。

特に企業の経営サイドは、「デザインが重要だ」という認識に対して「かっこよさ」や「おしゃれさ」を求めるという意味でデザイナーを雇い、問題を解決しようとしてしまった時期があったように思う。結果的に、スタイリッシュな携帯電話は市場に出回り、流行の中で消費され過去のものとなっていった。しかし、もしデザインが重要だということで、インターフェイスという意味で理解されていれば、雇うべきはデザイナーだけでなく心理学者、文化人類学者、エンジニアなどであり、それをチームにして問題解決にあたり、力強い価値の輪郭を定義＝デザインしていくことができたはずだ。

スタイリング的な意味でのデザインの役割や価値も高いのだが、そのデザイナーたちの声は大き過ぎるように思うし、またわかりやすいから経営サイドも説得されやすい。他方で、コンピュータを積極的に取り入れ、そのメタメディア性を理解し設計するデザイナーもほとんどいないため、テクノロジーを積極的に用いたデザインは置き去りになってしまったのだ。いちばんデザインということが必要にもかかわらず、だ。

デザインはサイエンス

ではデザインをインターフェイスとして考えるということはどういうことだろうか。それは、これまでの章で示してきた通り、「道具－身体システム」「環境－行為システム」というようにデザインをシステムとして捉えるということだ。こういった「デザイン」を探求するモチベーションは、人間がモノの前でどう振る舞うのかや、人間とモノが出会った時にそのシステムはさらにその外へどういう影響や現象をもたらすのかといった、人とモノの関係メカニズムを理解したいからにほかならない。そしてそれは広げてみれば、「人と世界のメカニズムを理解したい」「この世界はどういう設計になっているのかを理解したい」といった欲求から来るものだ。筆者は「デザイン」ということをそのようなものだと思って活動してきた。

デザインは、芸術や感性に近い領域として考えられることがあるが、筆者にとってデザインは、どちらかといえばサイエンスに近い。たとえばサイエンスとして物理がある。物理学は自然界のさまざまな現象を読み解き、物理法則として定義している。「自然界」という表現をしてしまうと、なにか制御できない神秘的なもののように考えてしまいがちだが、自然というのは「デザインされたもの」と捉えるのだ。つまり物理というのは、「この世界のデザイン」を一部解明して法則としているわけだ。

したがって、物理法則を読み解き、車や飛行機などへ応用されるのと同じように、この世界の中で人間の知覚や行為が環境とどのように関わるのかということを解明し、新しいデザインへ応用したいのだ。究極的には物理法則のように人間の動きの法則を解明したいのだ。

これに貢献してきたのが心理学の分野だと言えるが、心理学のアプローチは「心」という存在を中心にして、人間の中に行動の法則のエンジンがあるとみなすことが多かった。心理学は認知主義や行動主義などいろいろな展開がなされているが、いずれにせよ人間の能力は人間の中にあるものとして考えることがほとんどである。そこに異色のアプローチをしたのがギブソンであったり、「分散認知」という考え方だった。これらは人間の知性や能力を人間の中だけに求めない、環境に分散させた知性の捉え方だ。

デザインの指南書はほとんどの場合、心理を根拠にデザイン論を展開するし、あるいは人間の脳を根拠として説明しようとする。サイエンスなら最終的には脳じゃないかと言うかもしれないが、脳の現象理解も重要な要素であるとしても、あまりに脳に求めすぎているように思う。そしてだからこそ、環境との関わりの中にあるメカニズムの観察がおろそかになっているのではないか。

では、デザインはどのようにサイエンスに近づくのか。それは、センサ技術の発展による、人の知覚や行為をさまざまな状況で捉えることによってである。デザインは、そういったところからサイエンスに近づくと考えている。地球環境に磁場や物理法則があって、動きが数式で記述され、工学的に応用できるように、人と環境とのインタラクションもまた、それと同じように法則性が見出され、デザインへと応用されるだろう。その意味で、いずれは「デザインサイエンス」という領域が生まれると思っているし、インタラクションの分野はその先駆けとなるはずだ。

しかし、いずれはサイエンスだとしても、今はまだサイエンスと言えるほど評価できる軸がない。だから、まずは「デザインの現象学」だと思う。いったん「デザイン」ということを保留にし、デザインを改めて考える時期だと思う。第1章でも述べたように、私たちはハード、ソフト、ネットというメタメディアが持つ大きな可能性を前にしているのだから。

メタメディアはその自由度の高さから、デザインによって価値が変化する。しかしこの十数年、メタメディアとネットによる技術革新は肌で感じてきたわけだが、そこでのメタファや定義、使い方については、まだ肌で感じられるほど大きな革新はない。こういった技術の革新とその利用や価値にギャップがあるからこそ、発想の転換期が差し迫っているし、そうできるチャンスが目の前にある。それを前に進めるのがデザインの役割だし、今必要なデザインとはそういうことだ。デザインを進めるためにも、根本的に「人」ということがどうデザインに結びついているかということに立ち返り、デザインという発想や方法も再定義していく作業が必要なのだ。

次からは、本書で何度も参照してきたギブソンの生態心理学に情報技術を絡めながら、これからのデザインのための基礎あるいは手立てを紹介し、デザインの再定義を試みる。

視覚世界は肌理(きめ)でできている

ギブソンの生態心理学は、知覚者と環境とが相互依存的であることを根幹におき、知覚者と環境をひとつの系として、すなわち生態として捉えるために「生態心理学」という呼び名になったとされている。このような系（システム）として捉えることは、一般的な知覚論や認知論ではほとんどなく、知覚といえば人間の視覚や聴覚などの感覚器の説明か、感覚がもたらした結果の現象という説明になってしまうことがほとんどである。一方ギブソンの知覚論には、身体を含む感覚と環境の交わりについて具体的な説明がなされている。この知覚者と環境の系としての捉え方が、「私たちの生きる環境がどうデザインされているのか」ということを説明してくれるのだ。

ギブソンは視覚を考えるために、環境を「サブスタンス」「ミディアム」「サーフェイス」の3種類に分けて説明した。そして、私たちの眼は肌理を知覚していると言う。このアイデアは、「もの」という単位をいったん保留にする考え方だ。私たちは普段、無数の「もの」に囲まれており、それと接して暮らしていると思っている。しかしギブソンの視覚論では、物という単位の代わりに、肌理の中に現れる「縁」で物の認識をしているという発想をする。

輪郭線はどのように生まれるか

たとえば、紙にペンでカップの絵を描くことを考えてみて欲しい。輪郭線でカップの形を描くことを思い浮かべたのではないだろうか。しかしカップに線としての輪郭線はあるだろうか？　カップの面の隣にある背景の面があるだけではないだろうか。私たちはその境界を輪郭線として描いているわけだ。今、本書を手に持っているならば、この本の輪郭を見て欲しい。輪郭線はなく、その本の後ろの机なり自分の膝なり地面なりが続いているはずだ。

私たちは「物」というと、紙に描いたカップのような輪郭線的な「物」を思い浮かべてしまいがちだが、物の輪郭とは、物単独で成り立っておらず、必ず2つで成り立っているということだ。ではこの境界とはなんだろうか。色や質感が違うからだろうか。

境界は動きの中で現れる

こういった境界のことを「縁（Edge）」といい、ギブソンは「縁は発生するもの」として考察している。ギブソンはまず、視覚世界を全部「肌理」として捉える。そこでは物の区別はない。静止画的なスナップショットで見ると肌理の中に埋もれてしまうが、動き出すとそこに縁が発生するのだ。しかも動物は動き続けるため、生きている限り縁が発生する。

肌理と縁について理解するための実験があるので、下の画像を見ていただきたい。これは静止画で見てしまうと意味がないのだが、映像で見ると、ランダムなドットの中に四角い図形が浮かび上がる。映像を一時停止すると、その四角い図形は背景に溶けて知覚できなくなる。この実験から、「動きによって」肌理（ノイズ）の中に輪郭が生み出されるのが見て取れる。

発生、消滅のデザイン

あなたは、「まだある」「もうない」ということをどうやって知覚しているか考えたことがあるだろうか。たとえば、私たちは普段家から学校や会

肌理と縁の現象を紹介するために筆者が制作した動画作品「TextureWorld」。ここでは静止画になってしまうので、縁は見えない。本の弱点である。YouTubeで公開しているので是非体験してもらいたい。何度やっても興味深い現象だ。　https://www.youtube.com/watch?v=drW9p0Iz20Q

社へ行くわけだが、学校が見えないからといって「なくなった」とは感じない。これはなぜなのだろうか。ギブソンはこれについて、肌理の添加と削除から、まだある、もうない、といった遮蔽や、あるいは発生や消滅といった知覚を提供していると説明しいる。

下の図を見て欲しい。書籍で映像は表現できないので連続スナップショットとして示すが、この映像は、左からたどると、円形的なものが何かの物体裏から現れているように知覚される。肌理だけ考えれば、円形が「生成」されている現象でもあるが、現れてくると知覚できるのだ。しかも同時に、何か隠すものが手前にあるということも知覚される。

この逆、右からこのスナップショットをたどれば、物体は何かの裏に隠れていくという知覚をす

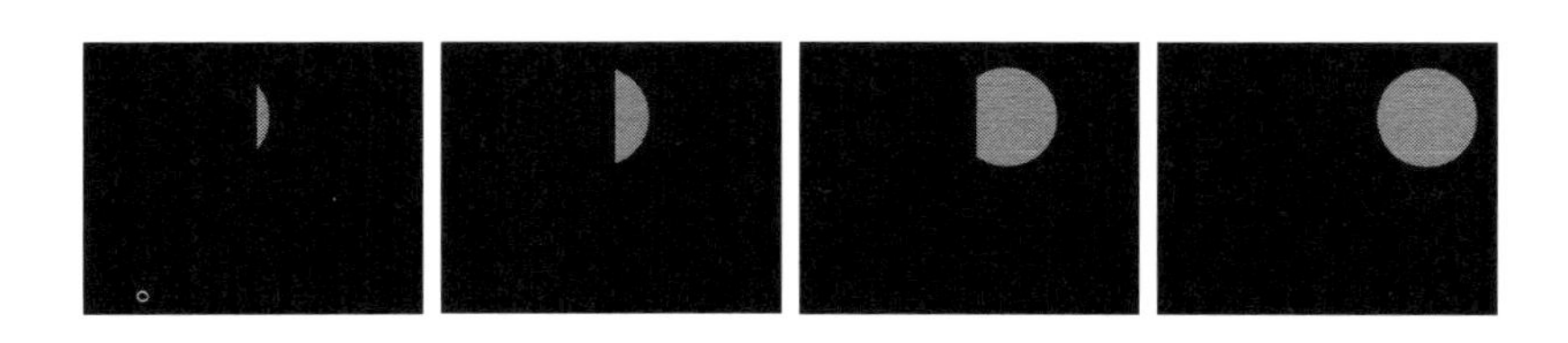

もともとあった円が現れたように知覚される

る。興味深いことは、徐々に肌理を消滅させることは、知覚上では「消えたというようには見えない」ということだ。この「消える」と「隠れる」は、存在にとってとても重要だ。最終的に白い円盤はなくなり画面は真っ黒になるとして、「ない」状態には変わらないにしても、徐々に肌理が削り取られていくような現象を見ると、「まだある」と知覚される。もしこれが突然に円形が全部消滅したら、「消えた」と知覚される。つまり「もうない」と知覚されるのだ。

ではこのような肌理や遮蔽の考え方がどのようにデザインに関係するのだろうか。実はGUIのナビゲーションやARにおける存在感の表現につながるのだ。

GUIと遮蔽

物理世界と違って、コンピュータ上では「突然消える」表現がよく見られる。でもそれでいて、マルチスレッドによってバックグラウンドでは動いているということはよくある。だからこそ、「もうない」のか「まだある」のかを明確に設計する必要がある。パソコンに慣れていない人は、ウインドウの最小化ボタンを押して、デスクトップ上にウインドウが見えないようになればそのアプリケーションは動いていないと思ってしまうことがある。だからたくさんのアプリケーションを起動したままになり、パソコンの処理が遅くなるといったこともありがちだ。

GUIにおいても、ウインドウが画面の外に出て行っても消えたと感じないのは、ウインドウという構造をもった肌理が徐々に削除されていくのを見ることで、まだあることを知覚させているからだ。それに、ウインドウなどをアニメーション表現するのは、遮蔽の様子を連続的に見せて、人に「まだある」という知覚を与えるためと言える。こういった手法をうまく取り入れないと、ウインドウが消えたのか、まだバックグラウンドで動いているのかを区別できなかったりする。Mac OSが図のようなアニメーションにこだわるのは、そこにウインドウが移動したということをユーザーに示して「まだある」ことを伝えるためであり、かっこいいエフェクトを見せたいわけではない。

こういった肌理の添加と削除の原理は、動きを伴うようなグラフィックデザインの基礎になるものだ。またiPhoneのiOS 7で取り入れられた、加速度センサと連動して少しだけ動く壁紙——アイコン群のパララックス効果（視差効果）は、まさに動きによって手前と奥を切り分けたし、複雑な壁紙を選んでしまってアイコンが埋没してしまったとしても、動きにより遮蔽の発生から縁を発生させ、アイコンを際立たせる効果があると言える。

その他、ARで重畳表示する場合も、遮蔽関係の提示は重要な課題だ。単純なマーカーを使った重畳であると、画面の中にマーカーがすべて入り込んでいないと認識しない。そのため、少しでも画面

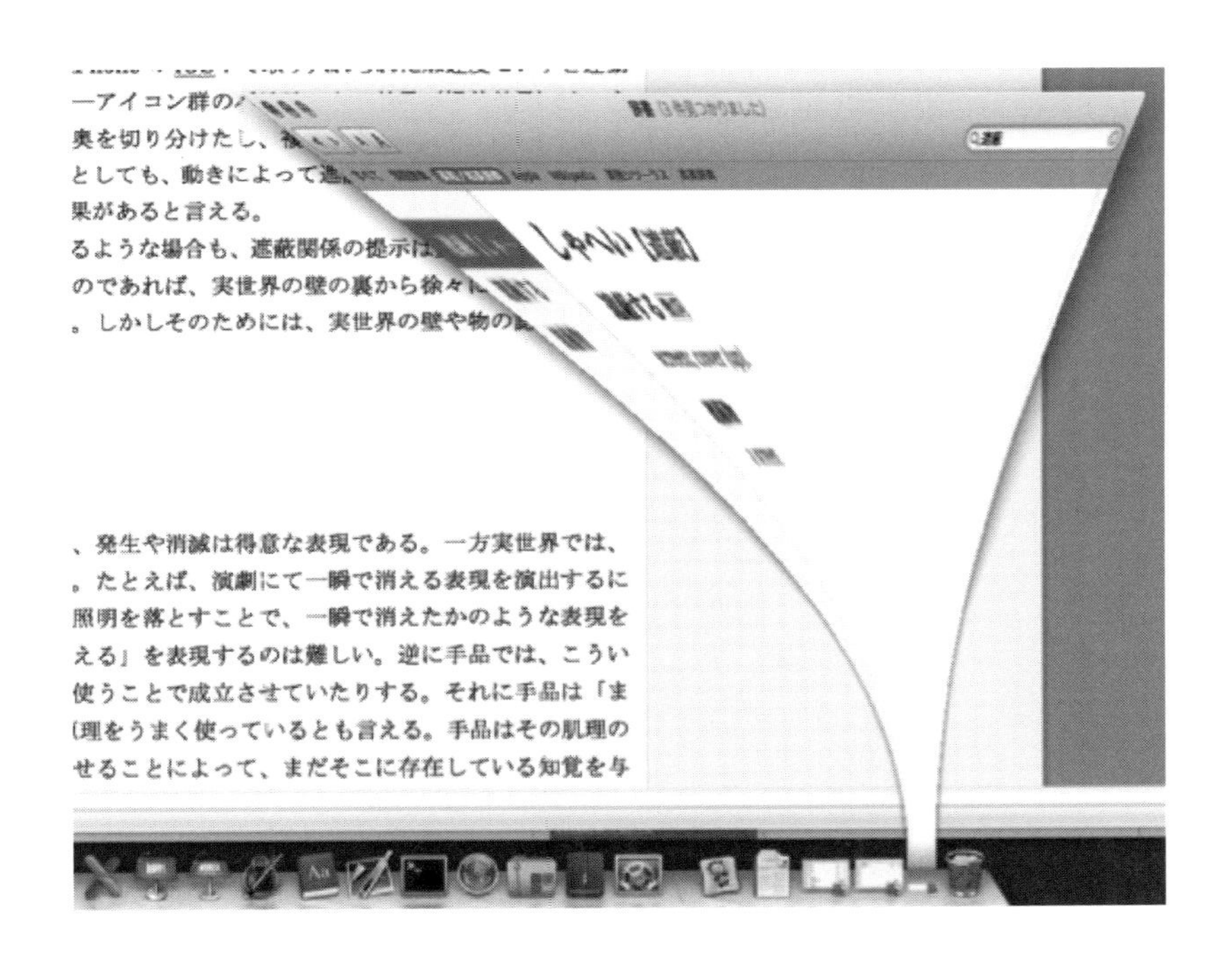

消えたように感じさせないために、アニメーションを用いて移動を表現する

からマーカーがフレームアウトするとCGの表示が消えてしまう。この突然消えてしまう現象をユーザーが見てしまうと急激にリアリティが落ちる。しかし最近のAR技術ではマーカーも多様化し、絵など特徴点をうまく用いることでマーカーとして利用できるようになった。こういったマーカーでは、他のセンサなども組み合わせて、画面からマーカーとなるものがフレームアウトしてもCGが消えることなく表示され続ける。そのため、フレームアウトしていくとフレーム外に隠れていくCGが見えるし、もとの方向に向ければだんだんとCGが見えてくる。この遮蔽、隠れ方の設計が、「まだある」という感覚、存在感を提示するのだ。したがって、隠れ方をきちんとデザインすることは、その存在感やその世界の持続性（ずっとあること）を感じさせることへつながる非常に重要な要素なのだ。

ARに限らず、存在感といったリアリティが「どこをポイントにすれば生まれるのか」は、これからの身体的で体験的なデザインにとって重要だ。しかもこのリアリティはCGのクオリティを上げるということとはまた違った観点だ。

こういった存在（感）をうまくデザインしているエンターテインメントに手品がある。手品をデザインとして見る人はあまりいないかもしれないが、まさに遮蔽の原理を使って「まだある」「もうない」をコントロールし、人へ存在と非存在のイリュージョンを見せていると言える。手品のノウハウを研究することは、存在感のデザインに役立てられるはずだ。

リアリティから体験へ——主観と客観

VRやARは、コンピュータが知的増幅装置として発達する中で研究されてきた。そこではリアリティの追求がひとつのテーマだった。マクロに見れば、目指すのは現実と同様の感覚をコンピュータ上で自由に再現することであった。コンピュータグラフィックスの世界でもリアリティは追求され、カメラで撮影した映像と区別がつかないCGが生成できるようになった。しかし、それは映像と区別がつかないという点でのリアルさであり、人が常日頃感じている「この世界に生きている」というリアリティが感じられるものではない。では、一体何が足りないのだろうか？　それは、主観的なリアリティだと筆者は考えている。そしてそのヒントになるのも、やはり自己帰属感だと考える。

主観的なリアリティをつくる自己帰属感

第3章で考察したカーソルの実験からもわかるように、モノへ人の行為が動きとして連動的に関わることで、自己感や「私が感」が生まれて「自分の体験」が立ち上がってくる。この体験こそが生きている実感、あるいは愉しさや喜びとも言える。生きている実感のようなものを与えられるとすれば、ものづくりの評価の軸はさまざまあるとしても、自己帰属感を最重要課題とするのは良い目標だ。なにより、自己帰属感は多くの道具や機械で検討できる軸であるし、画面の中のいわゆるバーチャルと呼んでいる対象の軸としても検討できる普遍性の高いものなのだ。私たちは時折「やっぱりアナログがいい」と言うことがあるが、こういったアナログの感覚の良さは自己帰属感にあるとも言える。自己帰属感というキーワードは、このように今まで説明がつきにくかった何かに触れた時に生まれる感覚や感触に新しい視点を提供し、考察の幅を広げてくれるのだ。

そしてまた、自己帰属感は道具だけにとどまらない。もっと根本的に身体と環境というレベルでも起きている。それは、「私たちが周辺を視るということ」についても既に自己帰属感が生まれているということだ。少し周辺を見て、体と頭を左右に動かして見て欲しい。その時注意して見て欲しいのは、面の重なり合いで起きる縁の発生部分だ。この縁で起きている、肌理の見え隠れは「何の動き」だろうか。それはまぎれもなく「あなたの今の体の動かし」に連動している。つまり自己帰属感が発生するのだ。これがもたらす意味は、他人ではなくまぎれもなく「私が世界を視ている」という感覚を立ち上がらせるということだ。視ることの中に、世界と自己を同時に知覚する。ギブソンの知覚論はこのように考える。これは、自分が世界に参加している感覚、もっと大げさに言えば生きている喜びのひとつとも言える。だからこそ、自己帰属感を設計の軸にすることは、道具に留まらずリアリティという観点でも良い方策となるのだ。そしてこれが、これまでのCGになかったリアリティ、「主観的なリアリティ」である。

客観的なリアリティから主観的なリアリティへ

リアリティについては、「主観的なリアリティ」と「客観的なリアリティ」に分けて考えることで整理ができる。これまでの多くの「リアリティ」の作り方は、少し客観的に振る舞い過ぎたと言えるのではないだろうか。たとえばいくら高画質でリアリティの高い映画を映画館で見たとしても、その映画の中に入りこんだ体験にならないのは、世界の体験の自己帰属感がないからだ。これまでのテクノロジーは、対象のリアリティ、つまり「客観的なリアリティ」を追求した。私たちが「すごいリアルだ」と言うときは、たいてい客観的に共有できる情報を「リアル」であると言い、再現性のことを指している。

3Dテレビや映画も、客観的なリアリティの追求の中で生まれたものだ。これらはコンピュータグラフィックスの3D表現を超えて、ディスプレイ技術も立体視を用いて奥行き知覚を提供した。実際、3D用メガネをかけて画面を見ると、奥行きは確かに感じられた。しかしそれで実世界のリアリティに近づいたかというと、それはまた違う。その理由は、自己の参与（行為や自己帰属）がなく、主観的なリアリティがないためだ。そこに感じている参与は「私は映画館でその立体的な映像を見ている」であって、映画の中の世界を「私が」体験しているわけではない。また3Dテレビや映画の「3D」というのは、原理からみても「立体視の体験」であり、3次元的体験ではないということは明白だ。

ヘッドマウントディスプレイのデザイン

近年、低価格で高性能なヘッドマウントディスプレイ（HMD）、「Oculus Rift」が登場した。これまでHMDの開発は研究者のみだったが、低価格化と性能によって一般的なエンジニアも飛びついた。Oculus Riftはディスプレイのフレームレートも高く、加速度センサなどによってヘッドトラッキングのインタラクションが非常によくできている。ディスプレイに提示される世界は自身の頭の動きに連動し、自己帰属感が高い。こういったVR機器としての性能のポイントを理解し、コストダウンして製品を出せるということは、「現象レイヤを理解しているため」とも言える。こうした、現象レイヤがよく設計された製品を出すと、Oculusを手にした開発者らは、さらにその自己帰属してくる没入感の特性を活せるような、よりリアリティの高い体験設計を目指すようになる。非常に良い広がりがそこにはある。iPhoneのiOSもそうだった。現象レイヤでよくできた製品は、その環境を利用する開発者たちも、それを理解しさらに拡張しようとする。そうすることで、そのOculusのコンテンツやiPhoneのアプリの体験の質が非常に高い物になる。

少し余談になるが、こうした物の属性（技術）と人の属性（知覚）の両方を理解した設計こそ「良いものづくり」であり、こういうものが出てくるとさらにその周辺のエンジニアを巻き込むようになる。社会レイヤや文化レイヤから設計することは、売れる製品にとって重要ではあるが、そこはエンジニアの興味ではないため彼らを巻き込めない。そして多くのエンジニアを巻き込めなければ製品が育たないし、結果的に製品として魅力的なものを世に出せない。良いものは、現象的に人間もモノも理解している。こういった設計のポイントを、エンジニアのこだわりやデザイナーの感性みたいなもののように捉えられてしまうことがあるが、本書が主張したい点は「そこに原理と設計がある」ということだ。そしておそらく、これからのエンジニアリングやデザインは、この点を教育カリキュラムとして強く意識することが必要になる。

人間にとって3Dとはどういうことか？

3Dへの注目も高い。しかし人間にとって3Dとは一体どういうことなのだろうか。ギブソンの視覚論を知ると、少しその考え方が変わる。

次ページの図をみてほしい。何に見えるだろうか？　2次元的な画像であることは明らかである。実はこれは、ある物体の影である。

何に見えるだろうか？

影は黒いから立体には見えないのは当然だ。しかし影を動かすと、真っ黒な2次元投影であっても「かたち」が見えてくる。そればかりか、立体感すら感じる。書籍上ではそのかたちをお伝えすることは難しいが、電気スタンドや太陽の下で影をつくって自分の手を見てみてほしい。そして手を動かしてみてほしい。地面や壁の2次元平面に映し出された影を「立体」として知覚できるはずだ。

ギブソンの生態心理学の特徴は、「動きの中の知覚」あるいは「動きを伴う知覚」への着目である。そして、「動くことで見え方は変化するが、その変化の中で変化しない性質が知覚される」とされる。これを「不変項」として、私たちがテーブルをさまざまな角度から見ても同じ長方形に見

えることはなぜかという「かたちの恒常性」を説明する。ギブソンのこの不変項のアイデアは、結果的には環境の中から価値を直接ピックアップするモデル――「アフォーダンス」につながる重要な話である。

2D＋動き＝3D――世界は2次元

カーソルやiPhoneのUIを例に自己帰属感を説明したように、行為に伴う動きは自己帰属感をもたらす。また、それによって自己感が生まれる。自己帰属ということをリアリティの軸にすると、2Dの次に3Dがリッチな情報であるかは完全にイエスとは言えない。

そもそも人間の視覚は2次元的である。「目が2つあるから立体に見える」というのは立体視の原理だが、だからといって片方の目を閉じて世界が突如2次元平面になるかといえばまったくそんなことはない。先述したように、人間は目で世界を見ているのではなく、肢体の上の頭についた目で環境を見ている。ギブソンはこれを「知覚システム」と呼び、視覚について「視るシステム」と呼ぶ。この点からすれば、2Dテレビの立体視は、人間の視るシステムは保留にして「眼」のモデルから立体視を作ったということになる。

そして人は常に動いている存在であり、「完全な静止」をすることができない。完全な静止は死んでいる状態である。私たちは、常に静止しない身体にある視るシステムをもって環境を「視ている」。したがって、片目を閉じて立体視ということでなくとも、身体の動きから重なる物の縁の遮蔽が隠れたり現れたりすることで、奥行きや3次元的体験をしている。しかも、その見え隠れする遮蔽は自己の運動に同期するために、世界は自己に帰属しているという感覚、自分が視ているという感覚、世界への自己帰属感が生まれる。

つまり、世界は物理モデル上は3次元かもしれないが、人は体験上は立体の表側と裏側を同時に直接見ることができないため2次元なのだ。裏側は、私たちが動いて（行為があって）初めて見ることができる。だから、2次元の連続と考えた方がいい。コンピュータスクリーン上の2Dであっても同じである。静止していれば、写真が2DCGモデルなのか判別がつかない。3DCGモデルであることがわかるのは、自分でインタラクティブに回転させるかモデルが自動的に回転するかといった「動き」が伴うことによって、3次元的な知覚をすることによってだ。特に前者は自己帰属感も加わる。つまり3次元は、構造についてはXYZで説明できるかもしれないが、2次元的体験は2次元＋時間または行為による変化の知覚なのである。

自己帰属感と質感

したがって、UIの未来についても「現在2Dだから次は3Dだ」と考えるのは軽率な発想である。たとえばiPhoneはその点もよくわきまえている。それは、「パララックス（視差効果）」という手法に現れている。加速度センサを利用し、iPhoneを傾けた向きに応じて2次元の画像を少しだけ動かし、手前にある文字やアイコンを浮かせて見せ、平面であっても奥行きを感じさせる方法だ。しかも、端末の傾きと連動させている点は賢い限りである。なぜ賢いかといえば、iPhoneへの自己帰属感を高めるからである。個人的には動き方はまだ改善の余地がある印象を持つし、利用者からすればバッテリーがもったいないという印象を持つ人もいるかもしれない。しかしここには大きな可能性がある。

それはバーチャルな質感表現だ。あるものを手に持ち、傾けると、光の反射によって「材質の質感」がわかるわけだが、それを画面の中でもできる可能性を示したのだ。ガラスのコップやペットボトルを持ってみてほしい。そして少し動かしてみてほしい。そうすると、その物はユニークに反射し、その反射部分がユニークに動く。その反射の動きは手の動かしに連動するわけだから、その反射による光沢感の変化からも自己帰属感が生まれるはずだ。実世界であればそれは当然過ぎるし、コップは手に持っているため自己に帰属しているのは当たり前のように感じてしまうかもしれないが、ピカピカした質感やざらざらした質感は、自分が持って動かすことによってその動きにユニークに対応するた

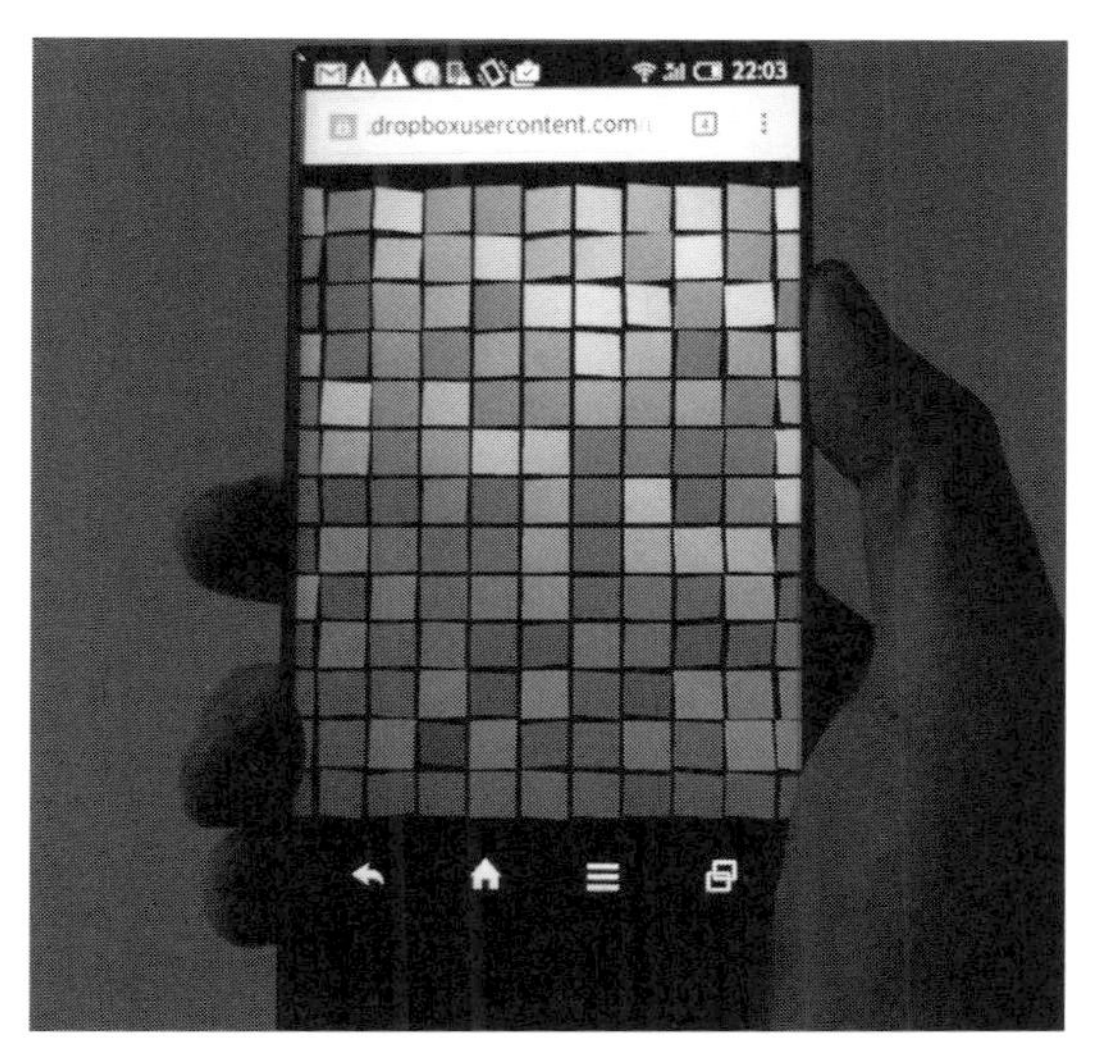

動作中の LiveTexture　傾け方によってグラフィックの反射の仕方が変化する

め、「自分が持っている感」の生起に一役買っていると言える。

こういった観点でのプロトタイピングとして、筆者らはLiveTextureというスマートフォンのセンサを活用したインタラクティブな質感表現の研究をしている。LiveTextureは、スマートフォンを傾けるとグラフィック上で反射がリアルタイムに変化する。画面内にバーチャルな光源を設定し、加速度センサによって向きを特定して実現しているのだ。これにより、動かしに反応するテクスチャが実現する。このように、質感の表現や魅力ということについても、自己帰属感との関係が見えてくる。

ものとサービスの現象

デザイナーやエンジニアは、自分はモノをつくり、サービスを提供していると考える。しかし厳密には、そのモノだけとインタラクトしているわけではない。文房具は、「書く」ことに対して鉛筆、ノート、下敷き、消しゴムを組み合わせ、快適な執筆や編集活動を実現している。モノとしてはそれぞれ個別であっても、いざ実際に「人が書くこと」を開始すると、「鉛筆とノートと下敷きが一斉にサービスを開始してユーザーの活動を支えている」と考えることができる。たとえば書き味の良いペンを買ったとしても、紙の品質が良くなければそのペンの書き味の良さは低下してしまう。性能の良いマウスを買っても、マウスを使う机の面やマウスパッドが良くなければその性能は発揮されない。生態心理学では、人間の能力は環境をうまく使って実現されるという考え方をするが、身近なところでも、道具の性能という点で「2つでひとつ」の性能が実現されるということがわかる。

さらに広げて考えれば、机や椅子、床や部屋も一斉に同時にサービスを展開している。したがってモノを設計する際、こういったさまざまな同時性の中での性能や性質を考えることが重要である。これは一種の「コンテクスト」とも捉えることができるが、ここではもう少し知覚や行為を成立させる現象的な側面である。コンテクストといえば、たとえば電車の中や家の中といった明確な場所や状況などの、人間自身も理解したり察したりできるようなものをイメージするかもしれないが、ここでのコンテクストとは普段人間は言語化したりしないレベルのものだ。

そしてここで重要なことは、一斉にサービスを開始している「同時性」である。人間のほとんどの活動は、こうしたさまざまな同時的な環境の性質(地面、空気、椅子、机)や、人間の身体の性質(呼吸、発話、見えること、聞こえること)によって支えられている。しかし、こういった同時性は、「同時に起こること」であり、なかなか言語化したり記述することが難しい。なぜなら言語が1次元であり、同時に起こることは同時に表現できないためだ。感覚的にはわかっても、「地面に足がついている」「椅子の背もたれに背中がついている」という具合に個別の言い方になってしまう。

こういった考え方を前提にすれば、第5章でも述べたように、自分たちが提供しているサービスは人の生活のごく一部にすぎないということがわかる。製品やサービスはさまざまな環境の中の同時に起こる現象の中で成り立っているのだ。だからユーザーはとんでもないサポート範囲外の使い方もするし、新しい使い方やその価値を広げるアイデアを生み出すこともする。デザインを定義するためには、こうした、既にある環境の中の同時性をうまく活かしていくことがポイントになるだろう。

モノから持続へ

このような環境の同時性を考えていくと、実は「モノ」という考え方が良くないことに気づく。インタラクションという視点で設計するものづくりは、「モノ」の定義を変えたほうが都合が良い。なぜなら、人間は行為する存在であり、時間軸があるためだ。たとえばカップを名詞として一言で説明してしまうと、カップの構成要素、形、色、質量かもしれないが、人間はそれを使うとき、行為によって関わる。カップが持つ行為の属性は、わかりやすいレベルでは「掴む」「飲む」ことだったりする。しかし人がそれを掴む以前から、人と同じ空間に存在し、行為の可能性を備えている。その状態におけるカップを説明するにはどうしたらいいのか。

筆者はこれを、「カップの持続」と呼ぶ。これによって、初めてモノが人の行為と対等に関われる発想になる。人は知覚し行為する存在であり、時間軸がある。だからモノ側にも時間軸がないと、人間に対するものづくりができない。私たちはカップという持続的な情報を知覚し行為する。カップという名詞はアイコン的、記号的であり、行為の設計には向いてない表現方法なのだ。私たちは物質と情報は明確に異なるものであると考えているが、体験にとっては物質であるか情報であるかは実は致命的には関係していないのではないだろうか。

体験にとって物質と情報の違いは、その持続性のあり方だ。つまり情報であったとしても比較的長く持続し、人が知覚行為において利用可能（定位可能）であれば、それは体験として大きな意味を持ち、物質であるかは問題ではない。実際私たちが生きるこの世界は、物質でないものに対しても名前がつけられ、私たちの知覚行為に利用されている。たとえば、地平線は物質ではなく情報でしかないし、空もまた物質ではない。しかし私たちはそれを仮想的な存在であるとは考えない。

今、私たちのまわりにある壁や天井は、突然消えたりせず、私たちが生きるスパンよりも長くこの環境に存在する持続性があるためにリアリティを持つ。「リアリティ」という言葉は、コンピュータのスクリーン上にいかに本物と同じような見た目の質感をもたらすかを言うことが多いが、持続性に関するリアリティを忘れてはいけない。おそらくリアリティの非常に重要な要素に「持続性」があり、持続性がないことが行為の可能性へも影響し、さらにその点においてもリアリティが低下する。したがって、ディスプレイ上でビットとしての情報提示であっても、持続性による行為の可能性を与えることで、リアリティは確保できるはずだ。

少しまとめると、ものづくり、その「物」という言い方が体験にとっては適切ではなく、持続で捉えるべきだということだ。そしてリアリティは物質性ではなく持続性であるということだ。数百年「物」という状態を当たり前のこととして設計してきたわけだが、ハード、ソフト、ネットを目の前に、まず「物」の定義にメスを入れるべき時ではないだろうか。

いいデザインはかたちでしょうか。いい時間だと思いませんか？

少し余談だが、「持続」に関して個人的に記憶に残ったキャッチコピーがある。2004年前後だっただろうか。シャープの液晶テレビのCMで、「いいデザインはかたちでしょうか。いい時間だと思いませんか？」というものがあった。これはハッとするコピーだった。デザインの物質性より体験性を物語る表現。そして体験は時間であると言っている。しかもモノを「持続」と言い換えるより一般的でわかりやすい。ここでの「時間」は、何時とか何分間とかいう話ではなく、かたちを否定することで持続という点での時間の性質を言っている。「デザインは時間である」と。素晴らしいコピーだと思った。その頃、メッセージの目的は違うとしても、「物より思い出」というCMコピーもあったが、これも体験が重要であるというメッセージかもしれないが、これではモノを否定してしまう。体験をメッセージにしようとすると、つい「モノからコトへ」という発想になり、モノの重要性をうっかり下げてしまいそうになる。しかし重要なことは、モノを体験として捉えることであり、モノをなくすことではないということだ。

持続の中の調整＝インタラクション

モノは持続で、その多重の持続の中に身体はある。途切れることなく、隙間なく、身体は常に持続の中にある。インタラクションを設計するというと、発生させようとしてしまう姿勢があるが、インタラクションというのは、発生させるというより、既に発生している。私たちは常に環境を利用しているからである。

たとえば、有名な実験に「Moving room」というものがある。次のようなものだ。壁と床が切り離された環境があり、周辺の壁が数ミリ浮いた状態になっていて、壁が前後に動くようにつくられた部屋がある。実験参加者はその部屋に入り、ただ直立してもらう。そして壁を前後に動かすと、参加者は意識しないが壁の動かしと体が同調して動いてしまうという実験である。人間は無意識ながらも壁という持続する情報を利用していることがわかる、という実験だ。つまり人は、環境情報を積極的に利用していることを示している。

第2章でも述べたように、私たちは能動的に受動的であり、環境を利用している。だから、こういった普段人間が積極的に利用しているインタラクションメカニズムを知ることが、インタラクションの設計にとっても重要である。モノを持続というように考え、インタラクションは既に発生していると考えると、インタラクションを設計するということは、つくるというよりもその中にある身体や知覚と行為の調整作業であることが理解できる。そして体験は、その調整の結果もたらされるものである。

デザインの現象学をする――世界はひとつのOSである

インタラクションは、新たにつくるのではなく、既にある人間の知覚行為を支えている環境の仕組みを活かしながら、コンピュータという異物をうまく馴染ませるものなのだ。これは自然回帰という意味ではなく、うまくこの「世界を拡張するため」である。したがって、設計者は人間と環境のインタラクションメカニズムを学ぶべきである。

たとえば私たちのこの生きる世界もひとつのOSと考えるべきである。この世界にはデザイン、作法があり、ガイドラインに合わせて設計することが、人‐環境のパフォーマンスを発揮できる。だからその世界OSの仕組みを理解したいのである。しかもこの仕組みは、現象レイヤではインターネットのようにグローバルなメカニズムで動く。これは、方法は違えども、物理学が世界や宇宙を読み解こうとすることと同じく、ある真理を追求することと共通するものがある。筆者はインタラクションデザインとはそういうものだと思っている。

本章で紹介してきたさまざまな知覚や行為のメカニズムは、一部にすぎないが、これらは世界というOS設計の基礎である。抽象的な話も多いが、応用事例も紹介したように、活かせないことはないことがわかると思う。こういった世界の原理を発見し理解しながら、それを活かしてものづくりをすることで、人々に新しい世界体験や気付きを与えられる。たとえば、ペンという道具の発見と利用で人々の世界が拡張されたように。これからのデザインとは、人間と世界のメカニズムを理解し、メタメディアを用いて人々の世界体験を拡張させるものなのだ。

第７章

メディア設計から インターフェイスへ

情報と物質を分けないデザイン

これまでデザインの中心は画面にあった。情報は画面の中に留まっていて、画面がインターフェイスになっているからだ。しかし、これから情報は画面を超えて実世界へ干渉してくる。物質と情報はなんとなく分かれている気分でいた時代は終わる。「情報は実体がない。物質こそリアルで確実なのだ」という価値観は揺らいでいる。

今、私たちは、情報だからといって虚構を体験しているとは思わない。物質だからといって物質的価値を体験していない。体験から考えれば、情報と物質の分別はあまり意味がない。物質のほうがリアルだと思っているが、身体は物質的でもあるし情報的でもあるから、物質か情報かは重要ではなく、体験の質が重要になる。だから、「体験の側」から設計するという発想が効いてくる。物質であろうと情報であろうと機能であろうと、あるいは自然だって、人間が相手にするものは何であったとしても、すべて知覚と行為、活動を通じてそれと関わる。体験は、そこに生まれる。

だがこれまで、体験という現象について設計という観点ではあまり考えられてこなかった。だからこそ、本書は道具自体の設計論ではなく、「いかに道具になる」のかという視点での身体性のデザイン、そこに現れる実感としての自己帰属感、またメディアそのものの設計論ではなく活動や動きの中にあるデザインについての議論を展開してきたわけだ。そしてそこに通底しているのは、「情報と物質を分けないデザイン」の発想だ。デザインは現象である。それがこれからのデザインである。

方法がデザインを分けていた時代の終焉

今日では、ソフトウェア屋は情報技術を用いて、ハードウェア屋はメカやプロダクトデザインの手法を用いて、というように、手法によって職業が成り立っている。しかし、メタメディアによってそういった手法の依存性は低くなりつつあり、デザインは情報と物質を分けない設計方法が一般的になる。これはつまり、メタメディアを中心とした設計の広がりによって、人々へ価値を提供する手段手法の依存性が極めて低くなったことの結果である。

これまで価値の提供は、機械で提供できる価値、エレクトロニクスで提供できる価値、プロダクトデザインで提供できる価値、ソフトウェアで提供できる価値、ネットで提供できる価値と、個別にやってきた。だから、企業組織もそれで分かれているし、産業もそう分かれている。しかし、デジタル化の流れで機械もデジタル制御されるようになるから、たとえば自動車は機械工学や力学などの知識で制御を設計してきたわけだが、電気とソフトウェアで制御するとなると設計のポイントが大きく変わってくる。車の筐体のデザインも、粘土を使ってデザインしてきたことがCADと3Dプリンタでできるようになれば、使う知識も設計自由度も変わってくる。こういった方法の変化は、最初は反発はあるかもしれないが、徐々に変わる。

方法に依存していたメディアの終焉

その世界では、デザイナーにとっては人々に与えたい体験が議論の中心になる。体験はそのプロダクトなりサービスの「定義」と共に決められる。デザインはメディアからではなく、人との関係を規定するところから始まる。だから、人との関係から設計を考えられるデザイナーが必要になる。けれども現在存在しているデザイナーの大半は、「特定のメディアにおけるコンテンツをデザインする人物」のことだ。

これからは特定のメディアを相手にすることではなくなり、メタメディアを相手にする。しかも情報か物質かは関係ない。2000年頃より「デザイン思考」が重要視されるようになったのは、そういった「特定メディアのデザイン」の輪郭の崩壊が見えてきているからだ。すなわち、情報や物質、メディア、職業の枠を超えて、人々の体験にフォーカスする新たな方法論が「デザイン思考」なのだ。特定メディアの利用は、後に決まる。つまり、その定義と体験を実現するために、実作業としてグラフィックでいくのか、サウンドでいくのか、あるいは映像でいくのか、あるいはまったく新しい方法でいくのかが決まる。私たちは情報も物質も扱えるメタメディアによって、初めて純粋に人との関係の設計を考えられるようになりつつある。

メディア軸からインターフェイスへ

特定メディアから始まるデザインは次第に輪郭を失い、メディアごとにあった体験の境界も融けていく。今までメディアだった紙（グラフィック）、映像、音楽は、メタメディアの前では過去の文化としてのメタファとなり、そういったひとつのインターフェイスとなる。しかし、第1章で述べたように、メタファの利用は性能の制約になるため、コンピュータがわざわざ紙メディアの形式のメタファを演じる場所としてはもったいないことになる。

「テレビ」も同様だ。かつて人々にとってテレビは「テレビという装置＝コンテンツ」であり、独立した放送メディアだった。しかしスマートフォンの世界では、テレビはメディアというよりも「アプリ」になってしまうのだ。そのアプリは、チャンネルという切り替えインターフェイスを持ち、放送局の人が一般的な人々のライフスタイルを予測して時間ごとに適切な映像コンテンツを連続的に流す、YouTubeみたいなものだ。したがって、メタメディアの文脈では、テレビはコンテンツの仕組みであって、メディアではなく、リビングにある大型スクリーンはそのコンテンツを表示するひとつのインターフェイスでしかないのだ。そして、そこで表示されるものは、放送である必要もない。近い将来、リビングにあるスクリーンは「テレビ」とは呼ばれなくなるだろう。

　電話もまた、インターネットの登場によってメタファとなりつつある。なぜならインターネットは、当初電話回線網の上に構築されたわけだが、皮肉にも電話回線はデジタル化されてインターネットに使われることになり、今ではインターネット専用の光回線に置き換わった。「電話」はアプリ化し、あるひとつの音声インターフェイスとなった。LINEやSkypeなどの複数の音声コミュニケーションインタフェースがある今、「受話器アイコン」の意味は徐々に失われていく。


　メディア軸からインターフェイス軸になることで、グラフィックデザイナー、ファッションデザイナー、プロダクトデザイナーという、情報／物質／メディアごとにあったような職業よりも、視知覚デザイナー、行為デザイナー、聴覚デザイナーのような、体験寄りの括り方になる（もちろん、こんなデザイナー職名ではないだろうが）。たとえば真鍋大度氏らのライゾマティクスという会社は、そのデザインする対象はグラフィックでもファッションでもプロダクトでもあり得る。彼らが特定メディアの中でのデザイナーでないことは明らかだ。

　かつてはメディアがなければ生きられなかった。たとえば漫画というメディアの形式があって、そのインターフェイス＝流通＝市場だったわけだが、インターネットの登場によって、特殊なデバイス（メディアらしきもの）を作っても、ネットワークで接続してしまえば、デバイスそのものは流通できなくとも、情報レベルでは個人にも瞬時に流通できてしまう。しかもテレビよりも多数であるし、国を超えたネットワークでもある（極端な未来イメージは、デバイスすら3Dプリンタさえあればデータによって容易に流通可能となるようなものだろう）。さまざまな職業がなくなるということが日々騒がれているが、メディアが物理的制約を限りなく受けずにメタメディア化し、かつネットワークが背後にあれば、個別の物理的制約を持って成立していたメディアが淘汰されていくのは当然の流れとも言える。

ワンメディア、マルチインターフェイス

したがって、これからは「メディアそのもの」を作ることがインターフェイスデザイナーの仕事になる。……という展開になりたいところであるが、むしろメディアはなくなるのではないかと筆者は思っている。つまり、メタメディアとインターネットの組み合わせによって、メディアはたったひとつになった可能性がある。

日本のインターネットの父とも呼ばれる慶應義塾大学SFCの村井純教授は、「インターネットは世界に複数ない。1つしかない。だからインターネットにはTheをつける。The Internetなんだ」と言う。今日あらゆるメディアがインターネットを前提にひとつに収束しようとしている。

そうなってくると、メディアが複数あると考えるより、複数のインターフェイスがあると考えたほうがよいだろう。ワンメディア、マルチインターフェイスという世界である。もし「メディア」があるとしても、「インターフェイスとコンテンツで構成するメディア的振る舞いをする何か」である。たとえばAppleは、iPodやiPhoneなど新しくメディアを作っているようで、実は作っていないのではないだろうか。なぜならAppleは、「音楽を聴く最高の方法」というような表現をするからだ。「最高のモバイル音楽プレイヤー」という言い方はしない。接し方と体験で表現する。Appleにしてみれば、メディアはAppleそのものと考えられるかもしれない。あとはそこに、今可能な最高のインターフェイスを用意して最高の体験を提供する。iPhoneだってインターネットのひとつのインターフェイスと考えることができる。

「メディアのデザイン」と考えてしまうと、モノへ視点が行ってしまう。メディアというと、コンテンツを配信する媒体の中身の設計になってしまう。双方向性が見えにくくなる。そのメディアの前で発生している知覚行為と体験が見えにくくなる。だからメディアという考え方からは一歩引くべきだ。たとえば第5章で紹介したCastOvenも、人の生活側にコンテンツを合わせる例であり、人の行為、行動、ライフスタイルが設計の軸であって、メディア形式の発想はほとんどない。CastOvenを展示していると、新しいメディアになるのではないかという議論になることがたまにあるが、CastOven

の設計思想は「インターネットのひとつのインターフェイス」という位置づけであり、メディアはあくまでインターネットなのだ。

近年はInternet of Things (IoT)、俗にいう「モノのインターネット」が話題である。もともとIoTは、RFIDをあらゆるモノに割り振ることで、インターネットのIPのようにあらゆるものの識別や状況を把握する考え方であったが、最近ではネットに繋がった家電や、家の鍵をスマートフォンで開けるといった製品やサービスをIoTと呼ぶようになっている。このIoTについても、新しいメディアの登場というよりは、インターネットの新しいインターフェイスと考えた方が良い。つまり、「モノ」もインターネットのあるインターフェイスにすぎないのだ。いつの日か「モノ」だって、メタメディアの「あるメタファ」になってしまう可能性だってあるのだ。

それればかりではない。さらに将来には「言葉」という手段すら、あるひとつの方法、あるひとつのインターフェイスにすぎないということだって十分想定できることだ。たとえばApple Watchでは、これまでのコンピュータのようなキーボードによるコミュニケーションではなく、簡単なドローイング、脈拍センシング、振動 (TAPTIC ENGINE) によってコミュニケーションする方式を採用している。ここから見えることは、身体へ近づくほどテキストのような記号的で離散的なインタラクションから感覚的で連続的なインタラクションになり、ノンバーバルになるということだ。テキストによるメッセージングインターフェイスは、言葉という大きな歴史を考えれば消滅することはないにしても、単なる方法の1つになる可能性はある。しかもこういったコミュニケーション手段の変化は、「メールが面倒だから電話で」というような比較的カジュアルなノリで行われる可能性がある。

考えてみれば、この数年のコミュニケーションプロトコルは劇的に変化している。5年もあれば世界はFacebookやTwitterを使うし、1年で数億人がLINEを使う。ワンメディアの前で世界は目まぐるしく更新される。だからこそ、「インターフェイス」という視点はますます重要になってくる。今後は、多くの職業がインターフェイスのデザインをするようになるとも考えられるのだ。

メタメディアのデザイナーたち

日本のウェブ業界を見ると、まだまだ多くの会社ではデザイナーとエンジニアが分かれている現状ではあるものの、グラフィックデザイナーがHTMLやPHP、あるいはJavaScriptなどのコーディングスキルを身につけたりするようになった。また大学や専門学校では、デザインもコーディングも教えたりするようになった。デザイナー自身がコーディングまわりの実装ができるようになると、エンジニアとの共通言語なしに自身で直接デザインが可能になる。そのため意思伝達のロスがなく、質の高いデザインへ到達できる。ウェブデザインに限らないが、たとえば田川欣哉氏率いるタクラム・デザイン・エンジニアリングのように、エンジニアリングもデザインも両方を行う「デザインエンジニア」という職業を切り開こうする人たちがいる。また、先に触れたライゾマティクス、あるいはチームラボなども、領域横断型の職業形態でやっている。このような職業の現れは、まさにソフト、ハード、ネットが分けられない時代、情報と物質を分けない設計の流れからくるものである。

グラフィックデザイナーがエンジニアリングと融合して、インターフェイスの設計をするようになったように、次はプロダクトデザイナーがコーディングも行い、インターフェースの設計を行うようになる。これは3Dプリンタの一般化や、Arduinoといったマイコン、Raspberry Pi、Intel Edisonといった組み込みに向いたコンピュータの登場、そしてMakerムーブメントが後押ししていることでもある。現在産業の本流にある家電大手の企業からすれば、これまでやってきたようなエレクトロニクス製品の試作開発が、一般層にも広がった状態になる。まだまだ壁はあっても、少しがんばれば、自分が欲しい家電をDIYできてしまいそうなレベルになりつつある。あるいはそうなろうとしている。

この流れは、ユビキタス、IoTなどの文脈に相性が良く、たとえば電気ポット、電動歯ブラシ、ガスコンロ、文房具、工具などのもともと電化製品的なものから、机や椅子、本棚、ドア、家、ハンマー、カップなど非電化製品的なものまで、ほとんどの製品を対象にハックされる状態になる。2015年現在、こうしたハッカソンが毎週のように行われている。さらにKickstarterやCAMPFIREといったクラウドファンディングによってハードウェアベンチャーの動きも加熱している。しかもそこでは、家電というフレームは関係なしに「とりあえず面白い」ということだけをモチベーションに試作されることも多いし、ネット動画配信で即座にフィードバックを受けるなど、高速なプロトタイピングインテレーションが起きる。このような方法は、大企業が行う製品開発のスピードよりも数倍速い。

こうした状況では、グラフィックデザイナーの仕事がウェブデザインにシフトしていったように、プロダクトデザイナーがIoTデバイスの開発に入り込むことは自然な流れである。したがって、デザインする対象はプロダクトデザインに似てくる。しかしデザインするのは情報とのインタラクションである。モノそのものがインターフェイスになっていて、人の行為をセンシングしたり、ネット上の情報を人の行動に役立てたりするためのデザインである。

インターフェイス関係の学会はメタメディアの多様性を模索している

コンピュータの性能向上と小型化や低価格化によって、コンピュータのヒューマンインターフェイス研究も広がっていった。日本では情報処理学会、電子情報通信学会、ソフトウェア科学会、ヒューマンインターフェイス学会の中にて、新しいインターフェイスの提案が90年台後半から2015年現在に至るまで繰り広げられている。海外でもやはり同様に、CHI（Computer Human Interaction）やUIST（User Interface Software And Technology）といった会議において、新しいインターフェイスやインタラクション手法が提案されている。しかもこれらの学会の規模は年々拡大している。また、この分野の論文投稿時には、技術のカテゴリだけでなく、使う領域についてや、コンテクスト中心の論文なのかといったカテゴリにチェックを付けられる。つまり技術がどのように使われるのか、使えるのかの提案と議論も受け入れているし、歓迎している。

コンピュータがある一定の性能を担保したことで、インタラクションの設計自由度は高くなっている。そのため90年台後半ぐらいから、GUIやメタファによる類推ということを脱して、コンピュータという素材を使った新しい道具やメディアの定義を世界中のHCIに関する研究者が寄り集って行っている状態と言える。数多くの発表の中にはときどき似たようなものが発表されることもあり、「車輪の再発明的発表」と言われ、ややネガティブな議論もある。また、この分野は他の工学分野と純粋に比べてしまうと「積み重ね」があまりないという議論もたまに耳にする。

しかし、この状況は本書でも何度も述べてきたメタメディアという性質の「多様性の検証プロセス」と考えることができる。しかもインターネットや3Dプリンタまで加わったハード×ソフト×ネットというメタメディア環境は、人類が手にした技術の中ではもっとも複合的で、世界的で、かつ柔軟で、未踏の領域である。おそらく、ようやくこの環境のフレームが見えてきたばかりであり、まだこのメタメディアの性能はほとんど発揮できていない。

何をやっても新しい？――メタメディアのデザイン方法論

乱暴な言い方をすれば、何をやっても新しいし、何でもやらなければならない。やらなければその可能性すらわからないのだ。よく考えてみてほしい。一見似たようなものでも、インターネットで共有されているだけでまったく意味や価値が変わってくるものはいくらでもある時代だ。Twitterは一見新しくもない単なる掲示板みたいなものだが、世界中で多くの人がスマートフォンを持ってさまざまな場所でつぶやくことを考えると、「単なる掲示板」の意味は大きく変わってくる。掲示板が、時代のコンテクストに合わせて再発明されたのだ。もちろん、「何をやっても新しい」とはいえ、その状況に甘んじて乱暴な提案をすれば当然ネガティブな意味での「車輪の再発明」と言われてしまうこともあるかもしれないが、「デザイン思考」の発祥や、Arduinoなどプロトタイピングツール、プロトタイピング文化の流れ、あるいはMITメディアラボの「Demo or Die」、そしてMakeなどの「とにかくつくる」という文化は、メタメディア時代の大きな方法論と言えるものだ。

そしてこういったメタメディアの高い可能性に見合う強力なツールがある。それはプログラミングだ。プログラミングを通じて、アイデアは「話す」のでもなく「見せる」のでもなく、「動かして体験として共有する」ことができるようになる。体験という連続的で身体的な現象を伝えるには、プログラミングによる表現は非常に強力なのだ。

プログラミングはソフトウェアを開発するためのツールと思っている人もいるかもしれないが、それ以上にプログラミングはアイデアを伝える最良のコミュニケーション手段なのだ。しかもプログラミングはかつてほど難しいものではないし、目的に応じてさまざまな種類のプログラミング言語を選べる。プログラミングはプログラマーやエンジニアだけのものではないのだ。

デザイン思考の考案者でもあるティム・ブラウンは、「デザインをデザイナーに任せておくには重要すぎる」と言ったそうだが、同様にプログラミングをプログラマーに任せておくには重要すぎるとも思うのだ。プログラミングほど高い表現力を持つ手段を一部の人だけのものにしておくのはもったいない。理系や文系の枠を超えて、プログラミングによって日常的にメタメディアの可能性を検証し、実際に利用していく時期に入っているのだ。

すべての物事、問題を、インターネットとコンピュータを利用して試し直す価値がある。メタメディアは、人々の創造性に素直なメディアだ。今はまだ、積み重ねるよりも多様性を歓迎している時期だと思う。生物の歴史にたとえるならば、カンブリア爆発のように多様な生物が出揃う時期に近い。つまり、これからインターネットを取り込んだメタメディアが、人類の様々なアイデアによってさらに爆発的に多様化し、変化する。今私たちは、その準備の状態にあり、スタート地点に差し掛かっているのだ。

あとがき

本書は、2013年の12月にLittleBitsのワークショップで大内孝子さんから、「KinectやLeapMotionといった新しいデバイスにより、インターフェイスデザインに何か新しい流れが生まれていることを説明できないか」と投げ掛けていただいたことから始まった。

最初はざっくりと、「UXという考え方の再検討」ということを考えていた。なぜなら2013〜2014年前半の頃は、UXというキーワードが毎日のようにネットに流れ、一応の定義はあるにしても、解釈と実践は多様に満ちていたためだ。

その後「UX」に関する記事は2014年の秋頃からパタリと見かけなくなったように感じた。それと同時に、強く沸き上がってきたキーワードが「Internet of Things」だった。本書で示した情報の道具化や情報の環境化の話は、まさにIoTに一致する内容だ。また、Oculus Riftにも注目が集まった。VRコンテンツを作るうえで没入感はひとつのテーマだが、本書で扱う自己帰属感はそれに強く関わってくる。こう書くと、すべて合わせて書いたかのように思われるかもしれないが、すべて筆者が高校から現在までに取り組んできたことをまとめただけだ。

本書は2014年の1年をかけて執筆することになり、だいぶ長引いてしまった。振り返れば、2013年に新たに設置された明治大学総合数理学部 先端メディアサイエンス学科に教員として着任し、研究室の運営を始めたばかりでの執筆だった。また、文科省のCOIプロジェクトの開始もあった。そして前職のポスドク時代の関係メンバー4名で会社も設立した年だった。書籍の執筆をはじめ、あらゆる「初めて」が同時に展開した刺激的な1年間だった。

もう少し広く振り返ってみる。第1章で触れたとおり、筆者は高校2年の冬にインターフェイスという分野があることを知った。筆者は読書が苦手だったが、『誰のためのデザイン』を機に読書を克服し、世界の見え方がどんどん変わっていった時期だった。人生の転機だった。その後筆者は、1998年からずっとインターフェイスについて考えてきた。大学進学、修士課程、博士課程、そして気づいたら大学の教員になっていた。本書はその塊でもあり、筆者の最初の本でもある。したがってインターフェイス設計の参考にしていただくと共に、学生の方には、ぜひ考え続ける楽しみを感じてもらえればと思う。

謝辞

まず、このようなきっかけをいただいた大内孝子さんにとても感謝しています。また日々の温かい応援も執筆の支えになりました。BNNの村田さんには、執筆が延びた結果、年末年始の時間を割いて出版ぎりぎりまで校正作業に当たっていただき心から感謝しています。そして未熟な私の文章を何度も丁寧に見直していただき「編集の力」を感じました。お二方との度重なるミーティングでは私の不安を含めたディスカッションに付き合っていただき、心から感謝すると共に、方向性を引き出そうとしてくださる村田さんの断言力や、大内さん視点の議論はとても楽しい時間でした。

また、身体と同じように本という物質性と情報性を持つメディアの性質をうまく両立させ、こういう本にしたかったと思える以上の装丁デザインと紙面にまとめていただいたデザイナーの岡本健さん、和田昭一さんに感謝申し上げます。

最後に、高校生から研究を支えてくれた家族、大学で自由に研究をさせていただいた慶應義塾大学 安村通晃名誉教授や樋口文人先生、ポスドク時代にお世話になった東京大学 五十嵐健夫教授、慶應義塾大学 稲見昌彦教授に心から感謝申し上げます。

２０１５年１月２日　渡邊恵太

渡邊 恵太（わたなべ けいた）

1981年東京生まれ。博士(政策・メディア)。インタラクションの研究者。知覚や身体性を活かしたインターフェイスデザインやネットを前提としたインタラクション手法の研究に従事。2009年慶應義塾大学 政策メディア研究科博士課程修了。2010年よりJST ERATO 五十嵐デザインインタフェースプロジェクト研究員。東京藝術大学非常勤講師兼任を経て2013年4月より明治大学 総合数理学部 先端メディアサイエンス学科 准教授。Cidre Interaction Design株式会社 代表取締役社長。

融けるデザイン

ハード×ソフト×ネット時代の新たな設計論

2015年1月25日　初版第1刷発行
2025年1月15日　初版第11刷発行

著者：渡邊恵太

発行人：上原哲郎
発行所：株式会社ビー・エヌ・エヌ
〒150-0022
東京都渋谷区恵比寿南一丁目20番6号
E-mail：info@bnn.co.jp
Fax：03-5725-1511
https://www.bnn.co.jp/

印刷・製本：シナノ印刷株式会社

アートディレクション・デザイン：岡本健
レイアウト・デザイン：和田昭一（PASS）
編集協力：大内孝子
編集：村田純一

ISBN978-4-86100-938-9